PHP 程序设计基础

主　编　刘元刚
副主编　韦之幸

北京希望电子出版社
Beijing Hope Electronic Press
www.bhp.com.cn

内容简介

本书系统地讲解了 PHP 开发技术，内容包括 PHP 入门知识、PHP 语言基础、流程控制语句、字符串操作、正则表达式、PHP 数组、PHP 与 Web 页面交互、日期和时间、Cookie 与 Session、文件系统操作、面向对象编程、数据库的应用等，最后通过一个综合应用案例介绍如何在具体开发中使用 PHP 的这些技术。

本书语言通俗易懂，知识结构安排合理，既可作为计算机类相关专业 PHP 程序设计课程的教学用书，又可作为 PHP 开发人员的参考用书。

图书在版编目（CIP）数据

PHP 程序设计基础 / 刘元刚主编. — 北京：北京希望电子出版社, 2023.9

ISBN 978-7-83002-856-5

Ⅰ. ①P… Ⅱ. ①刘… Ⅲ. ①PHP 语言－程序设计－基本知识 Ⅳ. ①TP312.8

中国国家版本馆 CIP 数据核字(2023)第 156361 号

出版：北京希望电子出版社	封面：黄燕美
地址：北京市海淀区中关村大街 22 号	编辑：付寒冰
中科大厦 A 座 10 层	校对：安　源
邮编：100190	开本：787mm×1092mm　1/16
网址：www.bhp.com.cn	印张：16.25
电话：010-82620818（总机）转发行部	字数：385 千字
010-82626237（邮购）	印刷：北京虎彩文化传播有限公司
传真：010-62543892	
经销：各地新华书店	版次：2023 年 9 月 1 版 1 次印刷

定价：53.00 元

前言 PREFACE

PHP即超文本预处理器，是一种开源的、在服务器端执行的脚本语言，非常适用于Web开发并可嵌入HTML中。PHP语言的语法吸收了C、Java和Perl语言的特点，因而易于学习且使用广泛。与其他编程语言不同，PHP是将程序嵌入HTML文档中执行，因此，使用PHP做出的动态页面的执行效率，要远高于完全依赖CGI生成HTML标记这一方式的效率。此外，PHP还可以执行编译后的代码，使代码的运行速度更快。

本书全面落实党的二十大精神，贯彻实施科教兴国战略、人才强国战略、创新驱动发展战略，秉承立德树人的教学理念，以能力和素质培养为核心，科学安排知识结构，循序渐进地对PHP的知识展开讲解，并针对各知识点安排了相应的应用实例。本书非常注重实用性和可操作性，通过实例使读者在学习相应基础知识的同时掌握相关的实用技能。书中所有的实例都已调试运行通过，读者可以直接参考使用。

全书分为13章，各章内容介绍如下。

章节	内容概述
第1章	介绍PHP的发展与入门知识、常用开发工具等内容
第2章	介绍PHP语言基础知识，如数据类型、常量和变量、运算符等内容
第3章	介绍条件控制语句、循环控制语句等内容
第4章	介绍字符串的相关知识，包括字符串的连接符、字符串的操作等内容
第5章	介绍正则表达式，包括正则表达式的概念、常用函数的使用等内容

（续表）

章节	内容概述
第6章	介绍数组的相关知识，包括数组的概念、数组的构造、字符串与数组的转换、数组的排序等内容
第7章	介绍PHP与Web页面的交互操作，包括表单的创建、数据的管理等内容
第8章	介绍日期和时间的设置、日期和时间函数及其应用等内容
第9章	介绍Cookie的管理、Session的管理，以及Session的高级应用
第10章	介绍PHP中文件系统的相关知识，包括文件处理、目录处理、文件上传等内容
第11章	介绍面向对象的基本概念、PHP与面向对象编程、PHP对象的应用等内容
第12章	介绍MySQL数据库的相关知识，以及PHP访问和操作数据库的方法等
第13章	介绍PHP综合应用案例

本书通过简单易懂的实例使读者快速掌握各知识点，每个部分既相互连贯又自成体系，读者既可以按照本书编排的章节顺序进行学习，也可以根据自己的需要针对某一章节进行学习。

本书由杨凌职业技术学院刘元刚任主编，广西安全工程职业技术学院韦之幸任副主编，编写分工如下：第1~8章由刘元刚编写，第9~13章由韦之幸编写。由于作者水平所限，书中难免会有疏漏之处，恳请广大读者批评指正。

编　者

2023年8月

目录 CONTENTS

第1章 PHP入门知识

1.1 PHP概述 ·· 2
　　1.1.1　什么是PHP ····························· 2
　　1.1.2　PHP的发展趋势 ······················ 2
1.2 在Windows下进行PHP环境的搭建 ··· 3
1.3 PHP常用开发工具 ···························· 17
1.4 第1个PHP实例 ································· 17
　　课后作业　　　　　　　　　　　　18

第2章 PHP语言基础

2.1 PHP标记风格 ··································· 20
2.2 PHP注释的应用 ································ 21
2.3 PHP命名规则 ··································· 22
2.4 PHP的数据类型 ································ 23
　　2.4.1　标量数据类型 ························ 23
　　2.4.2　复合数据类型 ························ 26
　　2.4.3　特殊数据类型 ························ 27
　　2.4.4　转换数据类型 ························ 28
　　2.4.5　检测数据类型 ························ 28
2.5 PHP常量 ·· 29
　　2.5.1　声明常量 ······························· 29
　　2.5.2　预定义常量 ···························· 30
2.6 PHP变量 ·· 30
　　2.6.1　变量的命名 ···························· 30
　　2.6.2　变量的赋值 ···························· 31
　　2.6.3　变量的作用域 ························ 32
　　2.6.4　预定义变量 ···························· 35
　　2.6.5　变量类型的转换 ···················· 36
2.7 PHP运算符 ······································· 37
2.8 PHP函数 ·· 45
　　2.8.1　定义和调用函数 ···················· 45
　　2.8.2　在函数间传递参数 ················ 46
　　2.8.3　从函数中返回值 ···················· 47
　　2.8.4　变量函数 ······························· 48
　　2.8.5　对函数的引用 ························ 48
　　2.8.6　取消引用 ······························· 49
　　课后作业　　　　　　　　　　　　49

第3章 流程控制语句

3.1 条件控制语句 ... 51
3.1.1 if语句 ... 51
3.1.2 if…else语句 ... 51
3.1.3 elseif语句 ... 52
3.1.4 switch多重判断语句 ... 52

3.2 循环控制语句 ... 54
3.2.1 while循环语句 ... 54
3.2.2 do…while循环语句 ... 54
3.2.3 for循环语句 ... 55
3.2.4 foreach循环语句 ... 56
3.2.5 跳转语句 ... 57

课后作业 ... 59

第4章 字符串操作

4.1 字符串简介 ... 61
4.2 字符串的连接符 ... 62
4.3 字符串操作 ... 62
4.3.1 去除字符串首尾空格和特殊字符 ... 62
4.3.2 转义、还原字符串函数 ... 64
4.3.3 获取字符串的长度 ... 65
4.3.4 截取字符串 ... 66
4.3.5 比较字符串 ... 67
4.3.6 检索字符串 ... 69
4.3.7 替换字符串 ... 70
4.3.8 格式化字符串 ... 71
4.3.9 分割字符串 ... 72
4.3.10 合并字符串 ... 72

课后作业 ... 73

第5章 正则表达式

5.1 正则表达式的概念 ... 75
5.2 正则表达式的常用函数及其应用 ... 77
5.2.1 正则表达式的匹配函数 ... 77
5.2.2 数组查询匹配函数 ... 79
5.2.3 进行全局正则表达式匹配 ... 79
5.2.4 正则表达式的替换 ... 81
5.2.5 正则表达式的拆分 ... 82

课后作业 ... 82

第6章 PHP数组

6.1 数组的概念 ... 84
6.1.1 什么是数组 ... 84
6.1.2 声明数组 ... 84
6.1.3 遍历数组 ... 85
6.2 数组的构造 ... 87
6.2.1 一维数组 ... 87
6.2.2 二维数组 ... 87
6.3 字符串与数组的转换 ... 88
6.4 统计数组元素个数 ... 89
6.5 查询数组中指定元素 ... 90
6.6 数组的排序 ... 92
6.7 预定义数组 ... 94

课后作业 ... 94

第7章 PHP与Web页面交互

- 7.1 表单 ·········· 96
  - 7.1.1 创建表单 ·········· 96
  - 7.1.2 表单元素 ·········· 96
- 7.2 在普通的Web页中插入表单 ·········· 100
- 7.3 提交表单数据的两种方法 ·········· 102
  - 7.3.1 应用POST方式提交表单 ·········· 103
  - 7.3.2 应用GET方式提交表单 ·········· 103
- 7.4 PHP参数传递的常用方法 ·········· 104
  - 7.4.1 $_POST[]全局变量 ·········· 104
  - 7.4.2 $_GET[]全局变量 ·········· 105
  - 7.4.3 $_SESSION[]变量 ·········· 106
- 7.5 在Web页中嵌入PHP脚本 ·········· 106
- 7.6 在PHP中获取表单数据 ·········· 107
- 7.7 对URL传递的参数进行编/解码 ·········· 107
  - 7.7.1 对URL传递的参数进行编码 ·········· 107
  - 7.7.2 对URL传递的参数进行解码 ·········· 108
- 课后作业 ·········· 109

第8章 日期和时间

- 8.1 系统时区设置 ·········· 111
  - 8.1.1 时区划分 ·········· 111
  - 8.1.2 时区设置 ·········· 111
- 8.2 PHP日期和时间函数 ·········· 112
  - 8.2.1 获得本地化时间戳 ·········· 112
  - 8.2.2 获取当前时间戳 ·········· 113
  - 8.2.3 获取当前日期和时间 ·········· 114
  - 8.2.4 获取日期信息 ·········· 114
  - 8.2.5 检验日期的有效性 ·········· 115
  - 8.2.6 输出格式化的日期和时间 ·········· 116
  - 8.2.7 显示本地化的日期和时间 ·········· 118
  - 8.2.8 将日期和时间解析为Unix时间戳 ·········· 120
- 8.3 日期和时间的应用 ·········· 121
  - 8.3.1 比较两个时间的大小 ·········· 121
  - 8.3.2 实现倒计时功能 ·········· 122
  - 8.3.3 计算页面脚本的运行时间 ·········· 123
- 课后作业 ·········· 124

第9章 Cookie与Session

- 9.1 Cookie管理 ·········· 126
  - 9.1.1 了解Cookie ·········· 126
  - 9.1.2 创建Cookie ·········· 126
  - 9.1.3 读取Cookie ·········· 127
  - 9.1.4 删除Cookie ·········· 128
- 9.2 Session管理 ·········· 129
  - 9.2.1 了解Session ·········· 129
  - 9.2.2 创建会话 ·········· 129
  - 9.2.3 设置Session的时间 ·········· 135
- 9.3 Session高级应用 ·········· 141
  - 9.3.1 Session临时文件 ·········· 141
  - 9.3.2 Session缓存 ·········· 142
  - 9.3.3 Session数据库存储 ·········· 142
- 课后作业 ·········· 145

第10章 文件系统操作

- 10.1 文件处理 ················· 147
  - 10.1.1 打开/关闭文件 ········· 147
  - 10.1.2 读写文件 ············· 148
  - 10.1.3 操作文件 ············· 149
- 10.2 目录处理 ················· 151
  - 10.2.1 打开/关闭目录 ········· 151
  - 10.2.2 浏览目录 ············· 152
- 10.3 文件处理的高级应用 ········· 153
  - 10.3.1 远程文件的访问 ········· 153
  - 10.3.2 文件指针 ············· 153
  - 10.3.3 锁定文件 ············· 154
- 10.4 文件上传 ················· 155
  - 10.4.1 php.ini配置文件 ········· 155
  - 10.4.2 预定义变量$_FILES ······· 155
  - 10.4.3 文件上传函数 ··········· 156
  - 10.4.4 多文件上传 ············· 157
- 课后作业 158

第11章 面向对象编程

- 11.1 面向对象的基本概念 ········· 160
  - 11.1.1 类 ·················· 160
  - 11.1.2 对象 ·················· 160
  - 11.1.3 面向对象编程的特点 ······ 161
- 11.2 PHP与面向对象编程 ········· 161
  - 11.2.1 类的定义 ·············· 161
  - 11.2.2 成员变量 ·············· 162
  - 11.2.3 成员方法 ·············· 163
  - 11.2.4 类的实例化 ············· 163
  - 11.2.5 类常量 ················ 164
  - 11.2.6 构造方法和析构方法 ······ 164
  - 11.2.7 继承和多态的实现 ········ 167
  - 11.2.8 $this的用法 ············ 170
  - 11.2.9 访问修饰符 ············· 171
  - 11.2.10 静态方法（变量） ······· 172
- 11.3 PHP对象的高级应用 ········· 174
  - 11.3.1 final关键字 ············ 174
  - 11.3.2 抽象类 ················ 175
  - 11.3.3 接口的使用 ············· 177
  - 11.3.4 克隆对象 ·············· 179
  - 11.3.5 对象比较 ·············· 180
  - 11.3.6 对象类型检测 ··········· 181
  - 11.3.7 魔术方法（__） ········· 183
- 课后作业 188

第12章 数据库的应用

- 12.1 MySQL概述 …………………………190
- 12.2 启动、连接、断开和停止 MySQL服务器 ……………………190
  - 12.2.1 启动MySQL服务器 ………190
  - 12.2.2 连接和断开MySQL服务器 …191
  - 12.2.3 停止MySQL服务器 ………192
- 12.3 MySQL的数据库操作 ……………193
  - 12.3.1 创建数据库（CREATE DATABASE）………………193
  - 12.3.2 查看数据库（SHOW DATABASES）……………194
  - 12.3.3 选择数据库（USE DATABASE）………………194
  - 12.3.4 删除数据库（DROP DATABASE）………………194
- 12.4 MySQL的数据表操作 ……………195
  - 12.4.1 创建数据表（CREATE TABLE）……………………195
  - 12.4.2 查看表结构（SHOW COLUMNS 或DESCRIBE）……………196
  - 12.4.3 修改表结构（ALTER TABLE）……………………197
  - 12.4.4 重命名表（RENAME TABLE）……………………198
  - 12.4.5 删除表（DROP TABLE）……198
- 12.5 MySQL的数据操作 ………………199
  - 12.5.1 插入记录 ……………………199
  - 12.5.2 查询数据库记录 ……………200
  - 12.5.3 修改记录 ……………………201
  - 12.5.4 删除记录 ……………………201
- 12.6 MySQL数据库的备份和恢复………202
  - 12.6.1 数据的备份 …………………202
  - 12.6.2 数据的恢复 …………………203
- 12.7 PHP访问MySQL数据库的过程……204
- 12.8 PHP操作MySQL数据库的方法……205
  - 12.8.1 连接MySQL服务器 ………206
  - 12.8.2 选择数据库文件 ……………207
  - 12.8.3 执行SQL语句 ……………207
  - 12.8.4 从数组结果集中获取信息 ……208
  - 12.8.5 从结果集中获取一行作为 对象 ……………………………210
  - 12.8.6 逐行获取结果集中的每条 记录 ……………………………213
  - 12.8.7 获取查询结果集中的记录数…214
- 课后作业 216

第13章 PHP应用案例

- 13.1 需求分析 ……………………………218
- 13.2 系统设计 ……………………………218
  - 13.2.1 开发环境 ……………………218
  - 13.2.2 文件夹组织结构 ……………219
- 13.3 数据库设计 …………………………219
- 13.4 首页设计 ……………………………222
- 13.5 后台管理 ……………………………226
  - 13.5.1 后台登录 ……………………226
  - 13.5.2 添加内容 ……………………232
  - 13.5.3 内容列表 ……………………234
  - 13.5.4 修改/删除内容 ……………238
  - 13.5.5 其他模块 ……………………241
  - 13.5.6 上传文件模块管理 …………243
- 13.6 本章小结 ……………………………248

参考文献

第 1 章 PHP入门知识

📖 内容概要

　　PHP是一种服务器端的、HTML嵌入式脚本描述语言,其主要特征是跨平台、面向对象。PHP语法结构简单、易于入门,学习和掌握起来相对容易。PHP经过多年的发展,已经成为全球最受欢迎的脚本语言之一。

⭐ 数字资源

【本章实例源代码来源】:"源代码\第1章"目录下

1.1 PHP概述

PHP（page hypertext preprocessor，页面超文本预处理器）：一种超文本标记语言（HTML）的内嵌式语言，是一种在服务器端执行的嵌入HTML的脚本语言。

1.1.1 什么是PHP

PHP是一种HTML内嵌式脚本语言，在服务器端执行。它主要适用于Web开发领域。PHP的语法借鉴和吸收了C、Java和Perl语言的特点，因而易于学习。与其他编程语言相比，使用PHP做出的动态网页是将程序嵌入到HTML文档中去执行，因而执行效率比完全生成HTML标记的CGI（common gateway interface，公共网关接口）高许多；与同样是嵌入HTML文档的脚本语言JavaScript相比，由于PHP脚本是在服务器端执行的，它可以充分利用服务器的性能。PHP执行引擎可以将用户经常访问的PHP程序驻留在内存中，当其他用户再次访问这个程序时，就不需要重新编译，而只需直接执行内存中的代码，这也是PHP高效率的体现之一。

PHP具有非常强大的功能，其优势有以下几点。

（1）开放源代码。

所有的PHP源代码事实上都可以得到。

（2）免费性。

和其他技术相比，PHP本身是完全免费的。

（3）快捷性。

程序开发快，运行速度快，技术本身学习起来也快。因为PHP可以被嵌入HTML中，所以相对于其他语言，PHP编程简单，实用性强，非常适合初学者学习使用。

（4）跨平台性强。

PHP是运行在服务器端的脚本，可以在Unix、Linux、Windows、MacOS、Android和鸿蒙等平台上运行。

（5）效率高。

PHP消耗的系统资源相当少。

（6）图像处理。

PHP支持动态创建图像，PHP图像处理默认采用GD2，也可以配置为使用ImageMagick进行图像处理。

（7）面向对象。

PHP 4、PHP 5在面向对象方面都做了很大的改进，PHP完全可以用于开发大型商业程序。

1.1.2 PHP的发展趋势

由于互联网本身快速发展、不断创新的特点，决定了只有以较快的开发速度和较低的成本才能保持一个网站的领先性和吸引更多的用户。互联网企业的生存和竞争的核心在于技术，技术、研发人才永远是这些企业不可或缺的关键因素，只有拥有掌握先进技术的人才和领先的技术，企业才可能开发出优秀的网络应用。

PHP技术是目前互联网技术的发展方向之一，作为非常优秀的、简便的Web开发语言，和Linux、Apache、MySQL紧密结合，形成LAMP的开源黄金组合，不仅大大降低了开发成本，还能提升开发速度，且能满足最新的互动式网络开发应用。

PHP吸引着越来越多的Web开发人员，成为开源商业应用发展的方向，给企业和用户带来了众多好处。PHP成为企业用来构建服务导向型、以Web为主体的新一代综合性商业应用所使用的语言。PHP的应用包含以下方向。

- 中小型网站的开发。
- 大型网站的业务逻辑结果展示。
- Web办公管理系统。
- 硬件管控软件的GUI。
- 电子商务应用。
- Web应用系统开发。
- 多媒体系统开发。
- 企业级应用开发。

1.2 在Windows下进行PHP环境的搭建

通常，使用PHP开发的网站在Linux系统上部署，能够展现出更高的效率。但是，由于用户的使用习惯、界面的友好性、操作的便捷性及软件的丰富性等多方面的因素，新手用户会更倾向于在Windows环境下使用PHP进行网站开发。

Windows操作系统是目前世界上使用最广泛的操作系统之一，本章主要介绍在Windows下如何搭建PHP环境，包括Apache、PHP和MySQL的部署和配置。这些软件发展到现在，除了MySQL外，其他的软件已经没有Windows通用安装包，都是通过配置和命令部署在计算机中的。要部署和配置这些软件需要先下载以下软件包（以下为本书所用的软件版本）。

- Apache：httpd-2.4.55-o111s-x64-vs16。
- PHP：php-8.0.27-Win31-vs16-x64。
- MySQL：mysql-8.0.31-winx64。

本书以Windows Server 2022操作系统为基础介绍部署过程，在Windows上搭建PHP运行环境时，除了部署软件外，还需要编辑相关的配置文件（包括*.ini和*.conf）。

1. Apache的部署

Apache是Web服务器软件。世界上超过50%的网站都在使用Apache服务器，它以高效、稳定、安全、免费的特点，成为最受欢迎的服务器软件之一。

> **提示**：如果系统中安装了IIS、Resin，它们的默认端口号是80，所以在安装或启动Apache之前，应先将IIS、Resin服务关闭或修改端口号。

Apache部署的具体步骤如下所述。

步骤 01 在Apache官网（https://www.apache.org/）中找到Apache 2.4.x OpenSSL 1.1.1 VS16的64位版本，单击下载源，启动下载，如图1-1所示。

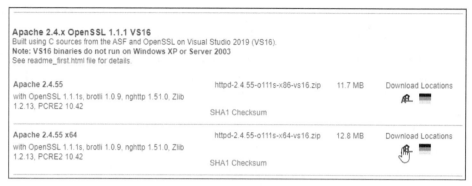

图 1-1 下载软件包

步骤 02 将下载的软件包中的"Apache24"文件夹放置到合适的位置，如D盘根目录，如图1-2所示。

图 1-2 释放软件包

步骤 03 进入"Apache24"文件夹的"conf"文件夹中，找到并双击启动"httpd.conf"文件，如图1-3所示。

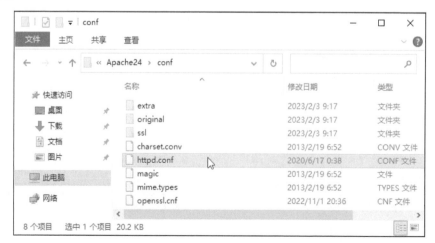

图 1-3 启动配置文件

步骤 **04** 选择使用"记事本"程序打开，如图1-4所示。

图 1-4　选择打开程序

> **提示**：如果以后想双击即可使用"记事本"程序编辑.conf或.ini等配置文件，可以勾选"始终使用此应用打开.conf文件"复选框，再单击"确定"按钮。用户也可以使用其他常见的代码编辑器进行编辑，如 Sublime Text、Atom、Vim、Visual Studio Code等。

步骤 **05** 在配置文件中，找到"Define SRVROOT "/Apache24""，将其修改为Apache的当前目录"Define SRVROOT "D:/Apache24""，如图1-5所示。

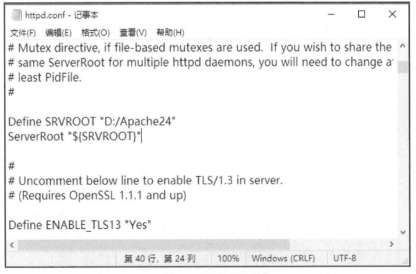

图 1-5　配置 Apache 参数

> **提示**：监听配置的"Listen"，如果没有其他Web服务器程序，可以保持默认的端口号"80"。

步骤 06 保存并退出后，进入Apache的"bin"目录中，在地址栏输入"cmd"，如图1-6所示，会在该目录中启动命令提示符界面，路径为该目录。

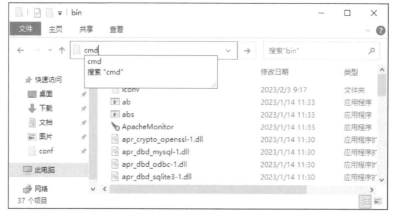

图 1-6　启动命令提示符界面

> **提示**：可以使用【Win+R】组合键打开"运行"对话框，输入"cmd"打开命令提示符界面。如果需要管理员权限的命令提示符界面，可以在Windows的搜索功能中，搜索"cmd"并单击"以管理员身份运行"按钮即可。Windows Server 2022默认使用管理员权限运行命令提示符界面中的命令。

步骤 07 在命令提示符界面输入命令"httpd.exe -k install"，安装Apache服务，如图1-7所示。

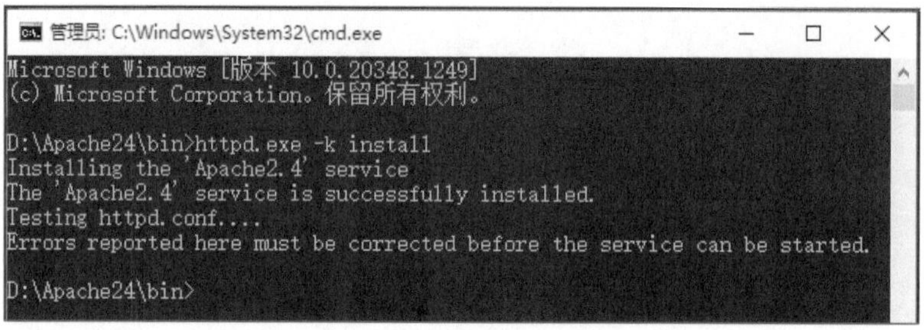

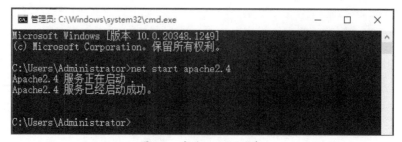

图 1-7　安装 Apache 服务

> **提示**：此处的"Errors……"，并不是报错，而是提示用户在此行下方，如果还有其他错误提示，应先修复后，再启动Apache服务。

步骤 08 安装完毕后，可以使用命令"net start apache2.4"启动Apache服务，如图1-8所示。

图 1-8　启动 Apache 服务

启动服务后，在本机上打开浏览器，在地址栏中输入"localhost"（也可输入"127.0.0.1"或本机IP地址），可以查看到Apache默认的主页，说明Apache运行正常，如图1-9所示。

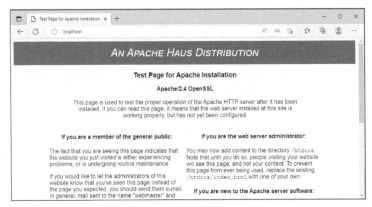

图 1-9　Apache 默认主页

2. PHP的部署

PHP在Windows下的部署非常简单，具体操作步骤如下所述。

步骤 01　进入PHP官网中，下载PHP 8.0 "VS16 x64 Thread Safe"版本的Zip压缩包，如图1-10所示。

图 1-10　下载 PHP 部署包

步骤 02　将下载的"php-8.0.27-Win31-vs16-x64.zip"部署包中的内容解压到"php8"文件夹中，并移动到D盘根目录即可，如图1-11所示。

图 1-11　解压部署包

步骤 03 进入"php8"文件夹中，复制"php.ini-development"文件并将复制的文件改名为"php.ini"，这就是PHP的主配置文件，如图1-12所示。

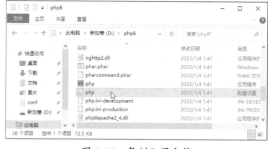

图 1-12　复制配置文件

步骤 04 接下来需要将PHP的目录添加到系统的环境变量中。在桌面上使用【Win+Pause-Break】组合键打开系统的"关于"界面，找到并单击"高级系统设置"链接，如图1-13所示。

图 1-13　启动"高级系统设置"

提示：将目录添加到环境变量后，就可以在系统的任意位置使用该目录中的命令。

步骤 05 在弹出的"系统属性"对话框中，单击"高级"选项卡界面中的"环境变量"按钮，如图1-14所示。

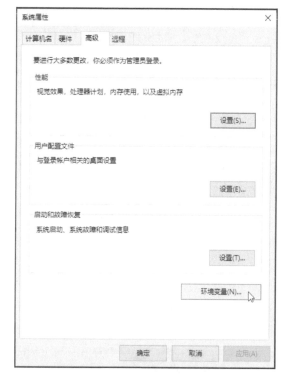

图 1-14　启动"环境变量"对话框

步骤 06 在"环境变量"对话框中,双击"系统变量"中的"Path"变量行,如图1-15所示。

图 1-15 进入变量配置界面

步骤 07 在弹出的"编辑环境变量"对话框中,单击"新建"按钮,并输入PHP文件夹的路径,如图1-16所示。

图 1-16 添加 PHP 路径

确定并退出后，即完成PHP环境配置。启动命令提示符界面，输入命令"php -v"并执行，如果能正确执行并显示如图1-17所示的效果，表明部署及配置成功。

图 1-17　测试 PHP

3. MySQL的部署

MySQL是一个关系型数据库管理系统。由于其体积小、速度快、灵活、成本低，尤其是开放源码，一般中小型网站开发往往会选择MySQL作为网站数据库。MySQL一直被认为是PHP的最佳搭档，虽然MySQL有Windows的安装包，但人们更倾向于使用和Apache、PHP一样的部署方法。下面介绍非安装包的MySQL部署方案。

步骤 01 在官网下载MySQL软件的压缩包，如图1-18所示。

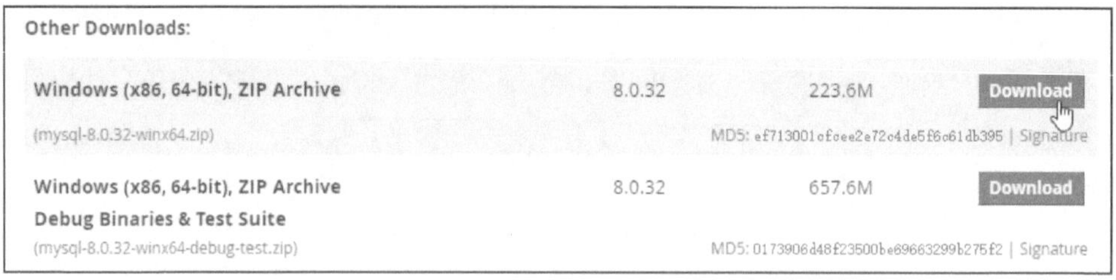

图 1-18　下载压缩包

步骤 02 将压缩包中的内容全部解压到"mysql8"文件夹中，将文件夹移至D盘根目录，如图1-19所示。

图 1-19　解压压缩包

步骤 03 进入该文件夹中，新建一个空白文本文档，使用记事本打开后，添加如下参数信息并保存。随后将文本文档重命名为"mysql.ini"。

```
[mysql]
#设置mysql客户端默认字符集
default-character-set=utf8
 [mysqld]
#设置3306端口
port = 3306
#设置mysql的安装目录
basedir=D:\mysql8
#设置mysql数据库的数据存放目录
datadir=D:\mysql8\data
#设置允许最大连接数
max_connections=200
#服务端使用的字符集默认为utf8字符集
character-set-server=utf8
#设置创建新表时将使用的默认存储引擎
default-storage-engine=INNODB
```

> **提示**：如无法显示扩展名，请在"查看"选项卡中勾选"文件扩展名"复选框，如图1-20所示。

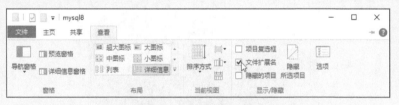

图 1-20　显示文件扩展名

步骤 04 按照上一节中介绍的方法，将MySQL的"bin"文件夹添加到环境变量中，如图1-21所示。

图 1-21　添加环境变量

步骤 05 以管理员权限启动命令提示符界面，输入命令"mysqld --initialize --console"，初始化MySQL，如图1-22所示。复制出最后的临时密码备用。

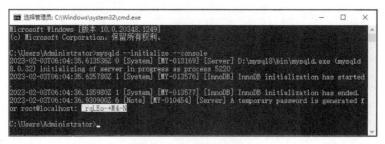

图 1-22　初始化 MySQL

步骤 06 输入命令"mysqld --install mysql"，安装MySQL服务，如图1-23所示。

图 1-23　安装 MySQL 服务

步骤 07 输入命令"net start mysql"，启动数据库服务，如图1-24所示。

图 1-24　启动 MySQL 服务

步骤 08 接下来需要登录MySQL并修改登录密码。使用命令"mysql -u root -p"登录，输入前面复制的临时密码，登录到管理界面中，如图1-25所示。

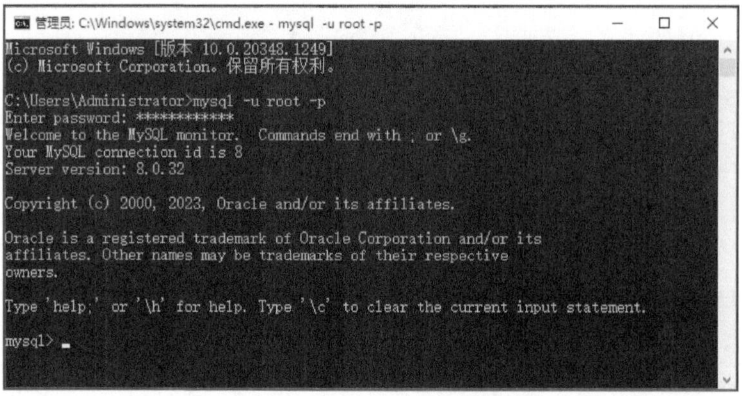

图 1-25　登录 MySQL 数据库

步骤09 输入指令"ALTER USER 'root'@'localhost' IDENTIFIED BY '你要设置的新的密码';"（图中设置为"123456"）及"flush privileges;"，MySQL就部署完毕了，如图1-26所示。

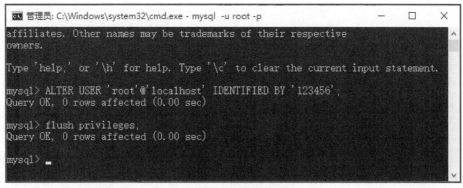

图1-26 设置新密码

> 提示：代码以";"结尾才能执行。

4. 修改PHP配置以支持Apache

要让PHP和Apache之间联通，需要修改两者的配置文件。首先介绍修改PHP配置的步骤。

步骤01 进入PHP的配置文件"php.ini"中，找到并修改"ext"目录的实际路径，如图1-27所示。

```
; Directory in which the loadable extensions (modules) reside.
; http://php.net/extension-dir
;extension_dir = "./"
; On windows:
;extension_dir = "ext"
extension_dir = "D:\php8\ext"
```

图1-27 修改路径

步骤02 可以根据需要添加对一些模块的支持，去掉模块前的";"即可使该行生效。下面是一些可以开启的常见模块，因为安装了MySQL，所以"extension=openssl"和"extension=mysqli"需要开启。

```
extension=bz2
extension=curl
extension=fileinfo
extension=gd
extension=gettext
extension=intl
extension=mbstring
extension=mysqli
extension=odbc
extension=openssl
```

extension=pdo_firebird
extension=pdo_mysql
extension=pdo_oci
extension=pdo_sqlite

> 提示：使用【Ctrl+F】组合键启动搜索对话框，输入搜索内容可以快速搜索。

5. 修改Apache配置以支持PHP

需要修改Apache的配置文件以使其关联并支持PHP，具体步骤如下所述。

步骤 01 打开Apache的配置文件"httpd.conf"，在其中找到"DirectoryIndex"项，因为要支持PHP主页，所以在"index.html"后添加"index.php"，如图1-28所示。

```
<IfModule dir_module>
    DirectoryIndex index.html index.php
</IfModule>
```

图 1-28　添加 PHP 主页支持

步骤 02 在配置末尾增加支持PHP的配置，配置信息如下。注意，需要按照用户实际的PHP目录修改参数。

```
#php support
LoadModule php_module "D:/php8/php8apache2_4.dll"
<IfModule dir_module>
        PHPIniDir "D:/php8"
        AddType application/x-httpd-php.php
        AddType application/x-httpd-source.phps
</IfModule>
```

步骤 03 接下来需要解锁几个Module项，找到并将其前面的"#"去掉即可。解锁的Module项如下：

```
LoadModule access_compat_module modules/mod_access_compat.so
LoadModule headers_module modules/mod_headers.so
LoadModule proxy_module modules/mod_proxy.so
LoadModule proxy_http_module modules/mod_proxy_http.so
LoadModule rewrite_module modules/mod_rewrite.so
LoadModule vhost_alias_module modules/mod_vhost_alias.so
```

步骤 04 解锁完毕后，找到以下代码并配置"cgi-bin"，如图1-29所示。

图 1-29　配置 cgi-bin

步骤 05 如果要开启虚拟机支持，还要解锁 "Include conf/extra/httpd-vhosts.conf" 项。

步骤 06 在 "Apache" 的 "bin" 目录中，找到并双击 "ApacheMonitor.exe" 工具，如图1-30所示。

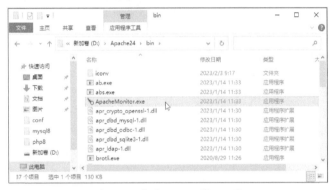

图 1-30　启动 Apache 管理工具

步骤 07 在系统界面右下角会出现该程序的图标，双击后启动管理控制台，在管理控制台界面中可以启动、停止或重启Apache服务。单击 "Restart" 按钮重启Apache服务，使所有更改的配置生效，如图1-31所示。

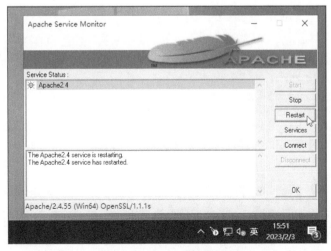

图 1-31　Apache 管理控制台

6. 测试环境

在配置好关联后，可以通过创建PHP测试文件检测PHP环境是否正常，以方便之后的PHP代码校验。具体步骤如下所述。

步骤 01 进入Apache文件夹下的"htdocs"文件夹中，这里是存放网页服务器中网页文件的默认位置，将默认的"index.html"文件改名为"index1.html"，以免影响测试，如图1-32所示。

图 1-32　修改默认主页文件名称

步骤 02 创建文本文档，在文档中输入"<?php phpinfo();?>"后，修改文件名为"index.php"并保存，如图1-33所示。

图 1-33　创建 PHP 测试主页

步骤 03 使用浏览器访问"index.php"文件，弹出PHP信息页，表明PHP环境正常，如图1-34所示。

图 1-34　测试 PHP 环境

说明：在此后的章节中，运行代码的文件均为"test.php"，该文件需要用户手动创建，然后根据示例内容修改文件内的代码，保存后刷新网页即可运行，这样做对于测试来说非常方便。要访问（运行）文件"test.php"，只需要在浏览器地址栏中输入"localhost/test.php"即可。

1.3 PHP常用开发工具

一个PHP新手在准备开始写PHP代码的时候，往往会发现自己被PHP开发环境的安装难住了。推荐PHP新手最好使用PHP集成开发环境。虽然PHP集成开发环境都已经配置好，但还是建议自己配置PHP开发环境。这是因为PHP集成开发环境不一定适合每一个项目，并且也不一定安全。PHP集成开发环境有如下几种。

1. WAMP

WAMP是基于Windows、Apache、MySQL和PHP的开放资源网络开发平台，PHP有时候可以用Perl或Python编程语言代替。这个术语来自欧洲，在那里这些程序常用来作为一种标准开发环境，名字来源于每个程序的第1个字母。每个程序在所有权里都符合开放资源标准：Windows是微软的操作系统；Apache是最通用的网络服务器；MySQL是带有基于网络管理附加工具的关系数据库；PHP是流行的对象脚本语言，它包含了多数其他语言的优秀特征而使它在网络开发方面更加有效。

2. AppServ

AppServ是PHP网页架站工具组合包，是将一些网络上免费的架站资源重新包装成单一的安装程序，以方便初学者快速完成架站。AppServ包含的软件有Apache、Apache Monitor、PHP、MySQL、phpMyAdmin等。

3. XAMPP

XAMPP是一个易于安装且包含Apache、MySQL、PHP和Perl的发行版。XAMPP的确非常容易安装和使用：只需下载软件包并解压缩，然后启动即可使用。

1.4 第1个PHP实例

在已安装的PHP文件夹中，打开"htdocs"文件夹，找到已创建好的"index.php"文件，双击并选择用记事本打开，修改其中的代码。

【示例1-1】第1个PHP实例。

首先需要插入PHP标记<?php?>。然后在PHP标记之间开始编写，代码如下：

示例 1-1

```
<?php
echo 'hello world!';
?>
```

> 提示："<?php"和"?>"是PHP的标记对，在这对标记对中的所有代码都被当作PHP代码来处理。echo是PHP的输出语句，与ASP中的response.write、JSP中的out.Print含义相同，即将后面的字符串或者变量的值显示在页面上；每行代码都需要以";"结尾。

打开浏览器，在浏览器地址栏中输入"localhost/index.php"。按【Enter】键后显示效果如图1-35所示。

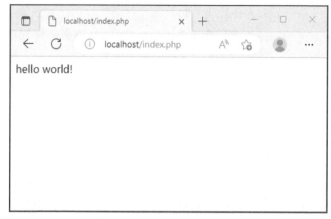

图1-35 【示例1-1】运行结果

在自己的计算机中安装PHP开发环境，然后用PHP编写代码，输出"hello China!"。

第 2 章
PHP语言基础

内容概要

符号在任何一种编程语言里都非常重要,在PHP里也是一样。本章将分别从语言标记、代码注释、空白符、分隔符等几个方面详细地介绍PHP中各个符号的使用及其注意事项。

数字资源

【本章实例源代码来源】:"源代码\第2章"目录下

2.1 PHP标记风格

所谓标记,就是为了便于与其他内容区分所使用的一种特殊符号,PHP共支持4种标记风格。

1. XML标记风格

示例:

```
<?php
echo "this is xml style";
?>
```

XML风格是以"<?php"标记开始,以"?>"标记结束,中间书写的是PHP代码。这种风格是书写PHP脚本最常用的标记风格,一般建议编程人员采用这种风格。

2. 简短标记风格

示例:

```
<?
echo "this is short tag style";
?>
```

这是简短标记风格,也有很多PHP程序员用这种风格,但一般不鼓励大家使用这种风格。只有激活php.ini文件中的"short_open_tag"配置指令或者在编译PHP时使用了配置选项"enable-short-tags"时才能使用简短标记风格。

3. 脚本标记风格

示例:

```
<script LANGUAGE="php">
echo "this is script style";
</script>
```

脚本标记风格以"<script >"开头,以"</script>"结束。

4. ASP标记风格

示例:

```
<%
echo "this is asp style";
%>
```

ASP标记风格以"<%"标记开头,以"%>"标记结束。若要关闭ASP标记风格,需要配置php.ini文件,将其中的参数"asp_tags=on"后面的"on"设置为"off"。

2.2 PHP注释的应用

优秀程序员不可或缺的一个重要技能就是写注释。合理书写注释，不仅可以提高程序的可读性，还有利于开发人员之间的沟通和后期维护。正确书写注释是一种良好的编程习惯。注释的代码不被服务器执行，因此不会影响PHP代码的运行效率。

1. PHP的单行注释

单行注释的符号为"//"，在一行中所有"//"符号右面的文本都被视为注释信息，PHP解析器会忽略该行"//"符号右面的所有内容。

【示例2-1】单行注释的应用。

示例代码如下：

示例 2-1
```
<?php
echo "test"; // 这是单行注释
?>
```

程序运行结果如图2-1所示。

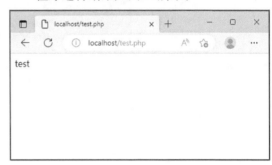

图 2-1 【示例2-1】运行结果

当然也可以在一行中只写注释，不写代码，同样，符号"//"后面的内容不会显示。将示例2-1中的代码替换为如下代码。

```
<?php
// 这是单行注释
echo "test";
// 这是单行注释
?>
```

程序运行结果如图2-2所示。

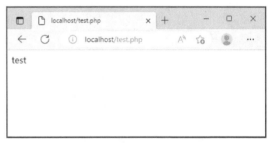

图 2-2 另一种代码的运行结果

2. PHP的多行注释

PHP多行注释以"/*"符号开头，以"*/"符号结束。在"/*"和"*/"符号之间，可以写多行注释信息。

【示例2-2】多行注释的应用。

示例代码如下：

示例 2-2
```
<?php
echo "test";
/*
这是多行注释
这是多行注释
*/
?>
```

程序运行结果如图2-3所示。

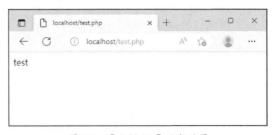

图 2-3 【示例2-2】运行结果

在PHP中，多行注释和单行注释是可以嵌套的。示例代码如下：

```php
<?php
//echo "test";/*多行注释写在单行注释里*/
/*echo "test2";//单行注释写在多行注释里*/
?>
```

程序运行结果如图2-4所示。

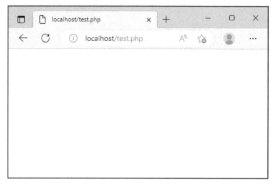

图 2-4　另一种代码的运行结果

PHP语言中的注释必须要放在PHP标记"<?php"与"?>"之间，否则注释功能将不能起作用。

2.3 PHP命名规则

1. 变量命名规则

PHP中变量名区分大小写，一个有效的变量名由数字、字母或下划线开头，后面跟任意数量的字母、数字或下划线。

- 变量整体以驼峰命名法，以小写字母开始，同时命名要有意义，如function displayName()。
- 全局变量键值两边都有下划线，中间用驼峰命名法命名，如$_GLOBAL['_beginTime_']。
- 普通变量整体采用驼峰命名法，建议在变量前加表示类型的前缀。不确定类型的以大写字符开头。
- 函数名要尽量有意义，尽量缩写。

2. 类及接口命名规则

- 以大写字母开头。
- 多个单词组成的变量名，其单词之间不用间隔，各个单词首字母大写。
- 类名与类文件名保持一致。
- 程序中所有的类名唯一。
- 抽象类应以Abstract开头。
- 接口采用和类相同的命名规则，但在其命名前加"i"字符，表示接口。
- 尽量保持和实现它的类名一致。

3. 数据库命名规则

在数据库相关命名中，一律不出现大写。

- 表名均使用小写字母。
- 表名使用统一的前缀且前缀不能为空。
- 对于多个单词组成的表名，使用下划线间隔。

4. 表字段命名规则

- 全部使用小写字母。
- 多个单词不用下划线分割。
- 给常用字段加上表名首字母作为前缀。
- 避免使用关键字和保留字。

2.4 PHP的数据类型

PHP程序中，数据类型可以分成三大类：标量数据类型、复合数据类型和特殊数据类型。

1. 标量数据类型

标量数据类型有以下4种。

- boolean（布尔型）。
- integer（整型）。
- float（浮点型，也作 double）。
- string（字符串类型）。

2. 复合数据类型

复合数据类型有以下两种。

- array（数组）。
- object（对象）。

3. 特殊数据类型

特殊数据类型有以下两种。

- resource（资源）。
- null（空值）。

2.4.1 标量数据类型

1. 布尔型（boolean）

布尔型是PHP中较为常用的数据类型之一，它的值为true或者false，其中，true和false是PHP的内部关键字。设定一个布尔型的变量，只需将true或者false赋值给变量即可。

> **提示**：在PHP中，不是只有关键字false值表示"假"，下列情况都被认为是false——布尔值false、整型值0、浮点值0.0、空字符串和字符串"0"、没有成员变量的数组、没有初始化的对象、特殊类型null。

2. 整型（integer）

整型是指一个没有小数的数字。

在PHP中，整型可以用3种格式：十进制、十六进制（以0x为前缀）和八进制（前缀为0）。

【示例2-3】 整型的应用示例。

在PHP中，var_dump()函数用于返回变量的数据类型和值。应用此函数可以对不同的数字进行测试，代码如下：

示例 2-3
```php
<?php
    $x = 5985;
    var_dump($x);
    echo "";
    $x = -345; // 负数
    var_dump($x);
    echo "";
    $x = 0x8C; // 十六进制数
    var_dump($x);
    echo "";
    $x = 047; // 八进制数
    var_dump($x);
?>
```

程序运行结果如图2-5所示。

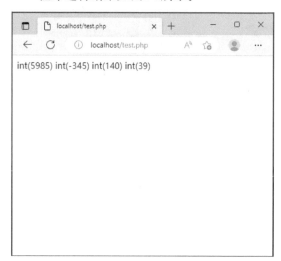

图 2-5 【示例 2-3】运行结果

> **提示**：在PHP中不支持无符号整数，因此无法像其他语言那样将整型数的表示范围翻一倍。如果在八进制数中出现了非法数字（8和9），则非法数字之后的数字会被忽略掉。

3. 浮点型

浮点数是指有小数点或以指数形式表示的数字。在应用浮点数时，尽量不要去比较两个浮点数是否相等，也不要将一个很大的数与一个很小的数相加减，因为那个很小的数可能会被忽略。如果必须进行高精度的数学计算，则可以使用PHP专用的数学函数系列和gmp函数。

【示例2-4】 浮点型的应用示例。

var_dump()函数会返回变量的数据类型和值，应用此函数可测试不同的数字，代码如下：

示例 2-4

```php
<?php
$x = 10.365;
var_dump($x);
echo "<br>";
$x = 2.4e3;
var_dump($x);
echo "<br>";
$x = 8E-5;
var_dump($x);
?>
```

程序运行结果如图2-6所示。

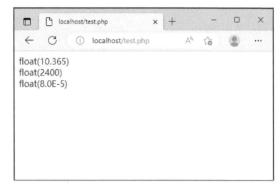

图 2-6 【示例 2-4】运行结果

4. 字符串类型

字符串类型用于表示一连串的字符。PHP中没有对字符串做长度限制，一个字符占用一个字节，因此一个字符串可以由一个字符构成，也可以由任意多个字符构成。字符串可以是引号内的任何文本，引号可使用单引号或双引号。

【示例2-5】字符串的应用示例。

分别用单引号和双引号定义字符串并输出，代码如下：

示例 2-5

```php
<?php
$x = "Hello world!";
echo $x;
echo "<br>";
$x = 'Hello world!';
echo $x;
?>
```

程序运行结果如图2-7所示。

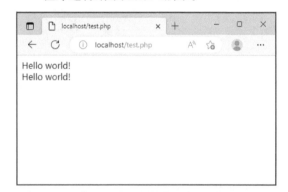

图 2-7 【示例 2-5】运行结果

单引号与双引号的区别如下所述。

（1）双引号中所包含的变量会自动替换成实际数值，而单引号中包含的变量则按普通字符串输出。

（2）对转义字符的使用不同。使用单引号时，只要对单引号进行转义即可，但使用双引号时，还要注意""""$"等字符的使用。这些特殊字符都要通过转义符"\"显示。常用的转义字符如表2-1所示。

表 2-1 转义字符

转义字符	输出
\n	换行
\r	回车
\t	水平制表符
\\	反斜杠
\$	美元符号
\'	单引号
\"	双引号
\[0-7]{1,3}	此正则表达式序列匹配一个用八进制符号表示的数字,如\467
\x[0-9A-Fa-f]{1,2}	此正则表达式序列匹配一个用十六进制符号表示的数字,如\x9f

转义字符"\n"和"\r"在Windows系统中区别不大,都可以当作回车符。但在Linux系统中,这两种转义字符则是两种效果。在Linux系统中,"\n"表示换到下一行,但不会回到行首;而"\r"表示光标回到行首,但仍然在本行。如果读者使用的是Linux操作系统,可以进行测试,能更好地体会两者的区别。

> **提示**:如果对非转义字符使用了"\",那么在输出时,"\"也会跟着一起输出。在定义简单的字符串时,使用单引号是一个更加合适的处理方式。如果使用双引号,PHP将花费一些时间来处理字符串的转义和变量的解析。因此,在定义字符串时,如果没有特别的要求,应尽量使用单引号。

2.4.2 复合数据类型

复合数据类型就是将简单的数据类型的数组合起来,表示一组特殊数据的数据类型。PHP中有array(数组)和object(对象)两种复合数据类型,它们都可以包含一种或多种简单的数据类型。

1. 数组(array)

数组是一组数据的集合,它把一系列数据组织起来,形成一个可操作的整体。数组中可以包括很多数据,如标量数据、数组、对象、资源以及PHP中支持的其他语法结构等。

数组中的每个数据称为一个元素,元素包括索引(键名)和值两部分。元素的索引可以由数字或字符串组成,元素的值可以是多种数据类型。

定义数组的语法格式有如下3种。

```
$array = array('value1',' value2 '……);
$array = array(key1 => value1, key2 => value2……);
$array[key] = 'value';
```

其中，参数key是数组元素的下标，value是数组下标所对应的元素。以下几种定义都是正确的格式。

```
$arr1 = array('This','is','an','example');
$arr2 = array(0 => 'php', 1=>'is', 'the' => 'the', 'str' => 'best ');
$arr3[0] = 'tmpname';
```

需要说明的是，PHP中声明数组后，数组中的元素个数还是可以自由更改的。只要给数组赋值，数组就会自动增加长度。

2. object（对象）

编程语言方法有两种：面向过程和面向对象。在PHP中，用户可以自由使用这两种方法。

对象是存储数据和有关如何处理数据的信息的数据类型。它用于描述客观事物的一个实体，是构成系统的一个基本单位。一个对象由一组属性和对这组属性进行操作的一组服务组成。

2.4.3 特殊数据类型

特殊数据类型包括资源和空值两种，如表2-2所示。

表 2-2 特殊数据类型

类型	数据类型说明
resource（资源）	资源是一种特殊变量，又称为句柄，是保存到外部资源的一个引用。资源是通过专门的函数来建立和引用的
null（空值）	空值是一个特殊的值，表示变量没有值，唯一的值就是null

1. 资源（resource）

资源类型是PHP 4引进的。在使用资源时，系统会自动启用垃圾回收机制，释放不再使用的资源，从而可避免内存被消耗殆尽。因此，资源很少需要手工释放。

2. 空值（null）

顾名思义，空值表示没有为该变量设置任何值。另外，空值（null）不区分大小写，null和NULL效果是一样的。被赋予空值的情况有以下3种：没有赋任何值、被赋值null和被unset()函数处理过的变量。

unset()函数用于销毁指定的变量。从PHP 4开始，unset()函数就不再有返回值，所以不要试图获取或输出unset()函数值。

> **提示**：is_null()函数可判断变量是否为null，该函数返回一个boolean型值，如果变量为null，则返回true，否则返回false。

2.4.4 转换数据类型

虽然PHP是弱类型语言，但有时仍然需要用到类型转换。PHP中的类型转换和C语言一样，非常简单，只需在变量前加上用括号括起来的类型名称即可。

允许转换的类型如表2-3所示。

表 2-3 转换数据类型一览表

转换操作符	转换类型	示例
boolean	转换成布尔型	(boolean)$num、(boolean)$str
string	转换成字符串类型	(string)$boo、(string)$flo
integer	转换成整型	(integer)$boo、(integer)$flo
float	转换成浮点型	(float)$str、(float)$str
array	转换成数组	(array)$str
object	转换成对象	(object)$str

在进行类型转换的过程中应该注意以下内容。

- 转换成boolean型时，null、0和未赋值的变量或数组会被转换为false，其他的转换为true。
- 转换成整型时，布尔型的false转换为0，true转换为1；浮点型的小数部分会被舍去；如果是以数字开头的字符串类型就截取到非数字位，否则输出0。

类型转换还可以通过settype()函数来实现，该函数可以将指定的变量转换成指定的数据类型，其语法格式为：

bool settype(mixed var, string type)

参数说明：

参数var为指定的变量，参数type为指定的类型。参数type有7个可选值：boolean、float、integer、array、null、object和string。如果转换成功，则返回true，否则返回false。

当字符串类型转换为整型或浮点型时，如果字符串以数字开头，就会先把数字部分转换为整型，再舍去后面的字符串；如果数字中含有小数点，则会取到小数点前一位。

2.4.5 检测数据类型

PHP内置了检测数据类型的系列函数，可以对不同类型的数据进行检测，以判断数据是否属于某个类型，如果符合则返回true，否则返回false。

检测数据类型的函数如表2-4所示。

表 2-4　检测数据类型的函数

函数	检测类型	示例
is_bool	检查变量是否是布尔类型	is_bool(true)、is_bool(false)
is_string	检查变量是否是字符串类型	is_string('string')、is_string(1234)
is_float/is_double	检查变量是否为浮点类型	is_float(3.1415)、is_float('3.1415')
is_integer/is_int	检查变量是否为整型	is_integer(34)、is_integer('34')
is_null	检查变量是否为空值	is_null(null)
is_array	检查变量是否为数组类型	is_array($arr)
is_object	检查变量是否为对象类型	is_object($obj)
is_numeric	检查变量是否为数字或由数字组成的字符串	is_numeric('5')、is_numeric('bccd110')

2.5 PHP常量

常量即值不变的量。在PHP中，常量被定义后，在脚本的其他任何地方都不能被改变。一个常量的名称可由英文字母、下划线和数字组成，但是数字不能作为常量名的首字母。

2.5.1 声明常量

在PHP中，常量是用define()函数定义的。一个常量一旦被定义，就不能再改变或者取消了。PHP中的常量分为两类。

- 系统预定义常量。
- 自定义常量。

【示例2-6】声明常量。

用define()函数定义常量，然后输出所定义的常量，代码如下：

示例 2-6
```php
<?php
    define("FOO_BAR", "something more");
    echo FOO_BAR; // 显示常量FOO_BAR的值
?>
```

程序运行结果如图2-8所示。

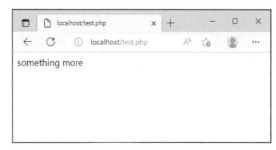

图 2-8　【示例 2-6】运行结果

2.5.2 预定义常量

PHP中包含预定义常量，这些预定义常量可以在程序中直接使用。不过许多常量都是由不同的扩展库定义的，只有加载了这些扩展库才能使用这些常量。常用的预定义常量如表2-5所示。

表2-5 常用的预定义常量

常量名	功能
__FILE__	文件的完整路径和文件名
__LINE__	当前行号
__CLASS__	类的名称
__METHOD__	类的方法名
PHP_VERSION	PHP版本号
PHP_OS	运行PHP程序的操作系统
DIRECTORY_SEPARATOR	返回操作系统分隔符
TRUE	逻辑真
FALSE	逻辑假
NULL	空值
E_ERROR	最近的错误之处
E_WARNING	最近的警告之处
E_PARSE	解析语法有潜在的问题之处
E_NOTICE	发生不同寻常的提示之处，但不一定是错误处

> 提示：__FILE__、__LINE__、__CLASS__、__METHOD__中的"__"是连续两个下划线。

2.6 PHP变量

变量用于存储数据，如存储数字、文本字符串或数组等。一旦设置了某个变量，就可以在脚本中重复使用它。

PHP中的变量必须以"$"符号开始，然后再加上变量名。

2.6.1 变量的命名

PHP中变量的命名规则如下所述。

- 变量名必须以字母或下划线（_）开头，后面跟上任意数量的字母、数字或者下划线。
- 不能以数字开头，中间不能有空格及运算符。
- 变量名要严格区分大小写，即$UserName与$username是不同的变量。
- 为避免命名冲突，不允许使用与PHP内置函数相同的名称。
- 在为变量命名时，尽量使用有意义的字符串，如$name、$_password、$book1。

■ 2.6.2 变量的赋值

为变量赋值有两种方式：传值赋值和引用赋值。这两种赋值方式在对数据的处理上存在很大差别。

1. 传值赋值

这种赋值方式使用"="直接将一个变量（或表达式）的值赋给变量。使用这种赋值方式，等号两边的变量值互不影响，任何一个变量值的变化都不会影响另一个变量。从根本上讲，传值赋值是通过在存储区域复制一个变量的副本来实现的。

【示例2-7】传值赋值的应用。

使用传值赋值的方法为变量赋值，代码如下：

示例 2-7

```php
<?php
    $a = 33;
    $b = $a;
    $b = 44;
    echo "变量a的值为" .$a ."<br>";            // "."为字符串连接运算符
    echo "变量b的值为" .$b ;
?>
```

在上面的代码中，执行"$a = 33"语句时，系统会在内存中为变量a开辟一个存储空间，并将33这个数值存储到该存储空间。执行"$b = $a"语句时，系统会在内存中为变量b开辟一个存储空间，并将变量a所指向的存储空间的内容复制到变量b所指向的存储空间，此时变量b中存储的值为33。执行"$b = 44"语句时，系统将变量b所指向的存储空间保存的值更改为44，而变量a所指向的存储空间保存的值仍然是33，并不会受变量b的影响。因此，在浏览器上运行此程序，结果如图2-9所示。

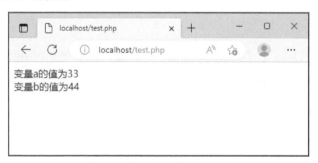

图2-9 【示例2-7】运行结果

2. 引用赋值

引用赋值同样也是使用"="将一个变量的值赋给另一个变量，但是需要在等号右边的变量前面加上一个"&"符号。实际上，这种赋值方式并不是真正意义上的赋值，而是一个变量引用另一个变量。在使用引用赋值的时候，两个变量将会指向内存中同一个存储空间。因此，任何一个变量的变化都会引起另外一个变量的变化。

【示例2-8】引用赋值的应用。

使用引用赋值的方法为变量赋值,代码如下:

示例 2-8
```php
<?php
    $a = 33;
    $b = &$a;
    $b = 44;
    echo "变量a的值为" .$a ."<br>";
    echo "变量b的值为" .$b ;
?>
```

在上面的代码中,执行"$a = 33"语句时,对内存的操作过程与传值赋值相同,这里不再赘述。执行"$b = &$a"语句后,变量b将会指向变量a所占有的存储空间,即变量b和变量a共用同一个存储空间。执行"$b = 44"语句后,变量b所指向的存储空间保存的值变为44。此时由于变量a也指向此存储空间,所以变量a的值也就是44。因此,在浏览器上运行此程序所看到的结果如图2-10所示。

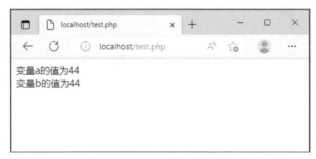

图 2-10 【示例 2-8】运行结果

2.6.3 变量的作用域

用PHP语言进行开发时,可以在任何位置声明变量,但是变量声明位置及声明方式的不同决定了变量的作用域不同。所谓变量的作用域,是指变量在哪些范围内能被使用,在哪些范围内不能被使用。PHP中的变量按照作用域的不同可以分为局部变量和全局变量。

1. 局部变量

局部变量是指在某一函数体内声明的变量,该变量的作用范围仅限于它所在的函数体的内部。如果在该函数体的外部引用这个变量,则系统将会认为引用的是另外一个变量。

【示例2-9】局部变量的应用。

调用局部变量并输出变量的值,代码如下:

示例 2-9

```php
<?php
    function local(){
        $a = " "这是内部函数" ";          //在函数内部声明一个变量a并赋值
        echo " 函数内部变量a的值为". $a."<br>";
    }
    local();                              //调用函数local()，打印出变量a的值
    $a = " "这是外部函数" ";              //在函数外部再次声明变量a并赋另一个值
    echo " 函数外部变量a 的值为". $a;
?>
```

程序运行结果如图2-11所示。

图 2-11　【示例 2-9】运行结果

2. 全局变量

全局变量可以在程序中的任何地方被访问，这种变量的作用范围是最广的。要将一个变量声明为全局变量，只需在该变量前面加上"global"关键字即可，关键字不需要区分大小写，也可以是"GLOBAL"。使用全局变量能够实现在函数内部引用函数外部的变量，或者在函数外部引用函数内部的变量。

【**示例2-10**】**全局变量的应用1**。

应用全局变量，然后在函数内部引用函数外部的变量，代码如下：

示例 2-10

```php
<?php
    $a = " "这是外部函数" ";              //在外部定义一个变量a
    function local(){
        global $a;                        //将变量a声明为全局变量
        echo "在local 函数内部获得变量 a 的值为". $a ."<br>";
    }
    local();                              //调用函数local()，用于输出该函数内部变量a的值
?>
```

程序运行结果如图2-12所示。

图 2-12　【示例 2-10】运行结果

【示例2-11】全局变量的应用2。

应用全局变量，然后在函数外部引用函数内部的变量，代码如下：

示例 2-11
```php
<?php
    function local(){
        global $a;                              //将变量a声明为全局变量
        $a = " "这是内部函数" ";                //在内部对变量a进行赋值
    }
    local();                                    //调用函数local()，用于输出该函数内部变量a的值
    echo "在local 函数外部获得变量 a 的值为" .$a;   //在函数local外部输出变量
?>
```

程序运行结果如图2-13所示。

图 2-13　【示例 2-11】运行结果

> **提示**：应用全局变量虽然能够使操作变量更加方便，但是有时变量作用域的扩大，会给开发带来麻烦，可能会引发一些预料不到的问题。将一个变量声明为全局变量，还有另外一种方法，就是利用$GLOBALS[]数组。

3. 静态变量

函数执行时所产生的临时变量，在函数结束后就会自动消失。当然，因为程序需要，函数在循环过程中不希望变量在每次执行完函数就消失，此时就需要采用静态变量。

静态变量是指用static声明的变量，这种变量与局部变量的区别是，当静态变量离开了它的作用范围后，它的值不会自动消亡，而是继续存在，当下次再用到它的时候，可以保留最近一次的值。

【示例2-12】静态变量的应用。

应用静态变量，然后输出静态变量的值，代码如下：

示例 2-12
```php
<?php
    function add()
    {
        static $a = 0;
        $a++;
        echo $a."<br>";
    }
    add ();
    add ();
    add ();
?>
```

程序运行结果如图2-14所示。

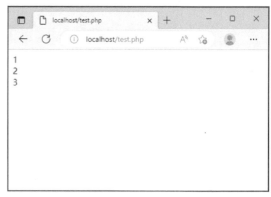

图 2-14　【示例 2-12】运行结果

在这段代码中定义了一个函数add()，然后3次调用add()。如果函数中用局部变量的方式定义变量，则3次调用的输出结果应该都是1。但【示例2-12】的实际输出结果却是1、2 和3。这是因为变量a在声明的时候加上了一个修饰符static，这就标志着a变量在add()函数内部就是一个静态变量了，具备记忆自身值的功能。当第1次调用add()时，a由于执行自加1操作，值变成了1，这时，a的值就是1而不再是0了；当再次调用add()时，a再一次执行自加1操作，由1变成了2；第3次调用时的操作也是一样的。由此就可以看出静态变量的特性了。

4. 可变变量

可变变量是一种独特的变量，它可以动态地改变一个变量的名称。

在变量的前面再加一个变量符号"$"，则该变量就成为一个可变变量了。

【示例2-13】可变变量的应用。

输出变量与可变变量，代码如下：

示例 2-13
```php
<?php
    $a= 'hello' ; //普通变量
    $$a = 'world' ; //可变变量,相当于 $hello='world';
    echo $a ."<br>" ;
    echo $$a ."<br>" ;
    echo $hello."<br>" ;
    echo "$a {$$a }" ."<br>" ;
    echo "$a $hello " ;//这种写法更准确
?>
```

程序运行结果如图2-15所示。

图 2-15　【示例 2-13】运行结果

■2.6.4　预定义变量

预定义变量又称为超级全局变量数组，是PHP系统中自带的变量，不需要开发者重新定义，它可使得程序设计更加方便快捷。在PHP脚本运行时，PHP会自动将一些数据放在超级全局数组中。PHP中预定义变量如表2-6所示。

表 2-6　PHP预定义变量

变量	作用
$GLOBALS[]	存储当前脚本中的所有全局变量，该数组的下标KEY为变量名，VALUE为变量值
$_SERVER[]	存储当前Web服务器变量的数组
$_GET[]	存储以GET方法提交表单中的数据
$_POST[]	存储以POST方法提交表单中的数据
$_COOKIE[]	取得或设置用户浏览器Cookies中存储的变量的数组
$_FILES[]	存储在临时目录（由PHP指令upload_tmp_dir指定）中时所指定的文件名
$_ENV[]	存储当前Web环境变量的数组
$_REQUEST[]	存储$_POST、$_COOKIE和$_SESSION中的所有内容
$_SESSION[]	存储当前脚本的会话变量的数组

2.6.5 变量类型的转换

PHP中的类型转换包括两种方式，即自动类型转换和强制类型转换。

1. 自动类型转换

自动类型转换是指在定义变量时不需要指定变量的数据类型，PHP会根据引用变量的具体应用环境将变量转换为合适的数据类型。如果所有运算数都是数字，则将选取占用字节最长的一种运算数的数据类型作为基准数据类型；如果运算数为字符串，则将该字符串转型为数字，然后再进行求值运算。字符串转换为数字的规定为：如果字符串以数字开头，则只取数字部分而去除数字后面部分，并根据数字部分构成决定转型为整型数据还是浮点型数据。

【示例2-14】自动类型转换的应用。

将不同数据类型的字符串相加，系统会自动进行类型转换，代码如下：

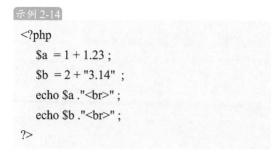

程序运行结果如图2-16所示。

图2-16 【示例2-14】运行结果

在给变量a赋值的运算式中包含了整型数字1和浮点型数字1.23，该表达式会以浮点型数据类型作为基准数据类型，赋值后变量a的数据类型也为浮点型。在给变量b赋值的运算式中包含了整型数字2和字符串型数据"3.14"，该表达式会将字符串转换为浮点型数据3.14，然后进行加法运算，赋值后变量b的数据类型为浮点型。

2. 强制类型转换

强制类型转换是指允许手动将变量的数据类型转换成指定的数据类型。PHP强制类型转换与C语言或Java语言中的类型转换相似，是通过在变量前面加上一个小括号，并把目标数据类型填写在括号中实现的。

在PHP中强制类型转换的具体实现方式如表2-7所示。

表 2-7 PHP强制类型转换的实现方式

转换格式	转换结果	转换结果
(int)/(integer)	将其他数据类型强制转换为整型	$a = "3";$b = (int)$a; 也可写为$a = "3"; $b = (integer)$a;
(bool)/(boolean)	将其他数据类型强制转换为布尔型	$a = "3";$b = (bool)$a; 也可写为$a = "3"; $b = (boolean)$a;

(续表)

转换格式	转换结果	转换结果
(float)/(double)/(real)	将其他数据类型强制转换为浮点型	$a = "3";$b = (float)$a; $c = (double)$a; $d = (real)$a;
(string)	将其他数据类型强制转换为字符串类型	$a = 3; $b = (string)$a;
(array)	将其他数据类型强制转换为数组	$a = "3";$b = (array)$a;
(object)	将其他数据类型强制转换为对象	$a = "3";$b = (object)$a;

2.7 PHP运算符

运算符是构成表达式的核心，在编程语言中有重要的作用。PHP中常用的运算符包括算术运算符、自增/自减运算符、赋值运算符、比较运算符、逻辑运算符、位运算符、字符串运算符、数组运算符、错误抑制运算符、类型运算符、执行运算符、三元运算符等。

1. 算术运算符

算术运算符，就是用来处理四则运算的符号。这是最简单也最常用的符号，尤其是对数字的处理，几乎都会用到算术运算符。

PHP提供的算术运算符如表2-8所示。

表 2-8　算术运算符

算术运算符	名称	应用格式示例
+	加法运算符	$a + $b
-	减法运算符	$a - $b
*	乘法运算符	$a * $b
/	除法运算符	$a / $b
%	取模运算符	$a % $b

【示例2-15】算术运算符的应用。

使用算术运算符的示例代码如下：

示例 2-15

```
<?php
    $a = 8;
    $b = 3;
    echo $a+$b ."<br>";
    echo $a-$b ."<br>" ;
    echo $a*$b ."<br>" ;
    echo $a/$b ."<br>" ;
    echo $a%$b ;
?>
```

程序运行结果如图2-17所示。

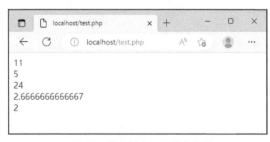

图 2-17　【示例 2-15】运行结果

2. 自增/自减运算符

自增/自减运算符可以看作是一种特定形式的复合赋值运算符，它可以对数字类型变量的值进行加1或减1操作。PHP提供的自增/自减运算符及其说明如表2-9所示。

表 2-9　自增/自减运算符

示例	名称	说明
$i++	后加	返回$i，然后将$i的值加1
++$i	前加	$i的值加1，然后返回$i
$i--	后减	返回$i，然后将$i的值减1
--$i	前减	$i的值减1，然后返回$i

【示例2-16】自增/自减运算符的应用。

使用自增/自减运算符的示例代码如下：

```php
<?php
    $a = 8;
    $b = 8;
    $c = 3;
    $d = 3;
    echo $a++."<br>" ;
    echo  ++$b."<br>" ;
    echo $c --."<br>" ;
    echo --$d ;
?>
```

程序运行结果如图2-18所示。

图 2-18　【示例2-16】运行结果

3. 赋值运算符

基本的赋值运算符是"="。它并不是数学意义上的"等于"号，它的作用是把等号右边表达式的值赋给等号左边的变量。例如，$a=3，并不是$a等于3，而是表示将整数3赋给变量$a。在PHP中不仅仅只有这一种赋值运算符，PHP提供的赋值运算符及其作用如表2-10所示。

表 2-10　赋值运算符及其作用

赋值运算符	示例	等价格式
=	$a = 10	$a = 10
+=	$a += 10	$a = $a + 10
-=	$a -= 10	$a = $a - 10
*=	$a *= 10	$a = $a * 10
/=	$a /= 10	$a = $a / 10
%=	$a%= 10	$a = $a%10
.=	$a .= "abc"	$a = $a."abc"

【示例2-17】赋值运算符的应用。

使用赋值运算符的示例代码如下：

示例 2-17

```php
<?php
    $a = 6;
    $b = 8;
    $c = 7;
    $d = 5;
    $e = 4;
    $f = "大家";
    echo ($a+=3)."<br>" ;
    echo ($b -=3)."<br>" ;
    echo ($c *=3)."<br>" ;
    echo ($d/=3)."<br>" ;
    echo ($e%=3)."<br>" ;
    echo ($f .="好!" );
?>
```

程序运行结果如图2-19所示。

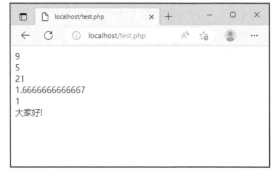

图 2-19 【示例2-17】运行结果

4. 比较运算符

比较运算符也称条件运算符或关系运算符，用于比较两个数据的值并返回一个布尔类型的结果。PHP提供的比较运算符及其用法如表2-11所示。

表 2-11 比较运算符及其用法

比较运算符	名称	示例	说明
==	等于	$a == $b	如果变量a等于变量b，则返回true
===	全等	$a === $b	如果变量a等于变量b，并且它们的数据类型也相同，则返回true
!=或<>	不等于	$a != $b 或$a<>$b	如果变量a不等于变量b，则返回true
!==	非全等	$a !== $b	如果变量a不等于变量b，或者它们的数据类型不同，则返回true
<	小于	$a < $b	如果变量a小于变量b，则返回true
>	大于	$a > $b	如果变量a大于变量b，则返回true
<=	小于等于	$a <= $b	如果变量a小于或等于变量b，则返回true
>=	大于等于	$a>=$b	如果变量a大于或等于变量b，则返回true

【示例2-18】比较运算符的应用。

使用比较运算符的示例代码如下：

示例 2-18

```php
<?php
    $a = 5;
    $b = 3;
```

```php
$c = "5";
$d =5.0;
echo  var_dump(  $a ==$b )."<br>" ;
echo  var_dump(  $c ==$d )."<br>" ;
echo  var_dump(  $a ===$c)."<br>" ;
echo  var_dump(  $a !=$b)."<br>" ;
echo  var_dump(  $a !=$c)."<br>" ;
echo  var_dump(  $a !==$d )."<br>" ;
echo  var_dump(  $a <$b )."<br>" ;
echo  var_dump(  $a >$b )."<br>" ;
echo  var_dump(  $a <=$b )."<br>" ;
echo  var_dump(  $a >=$b ) ;
?>
```

程序运行结果如图2-20所示。

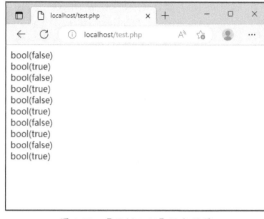

图 2-20　【示例 2-18】运行结果

5. 逻辑运算符

逻辑运算符用于处理逻辑运算操作，只能操作布尔型值。PHP提供的逻辑运算符及其用法如表2-12所示。

表 2-12　逻辑运算符及其用法

逻辑运算符	名称	示例	用法
and或&&	逻辑与	$a and $b	$a和$b两个都为true时返回true
or或||	逻辑或	$a or $b或$a||$b	$a和$b任何一个为true时返回true
xor	逻辑异或	$a xor $b	$a和$b只有一个为true时返回true
!	逻辑非	!$a	$a为false时返回true

【示例2-19】逻辑运算符的应用。

使用逻辑运算符的示例代码如下：

示例 2-19

```php
<?php
$a = true ;
$b = true ;
$c = false ;
echo  var_dump($a && $b )."<br>" ;
echo  var_dump($a && $c )."<br>" ;
echo  var_dump($a ||$b )."<br>" ;
echo  var_dump($a ||$c )."<br>" ;
echo  var_dump($a xor$b )."<br>" ;
echo  var_dump($a xor$c )."<br>" ;
echo  var_dump(!$a)."<br>" ;
echo  var_dump(!$c );
?>
```

程序运行结果如图2-21所示。

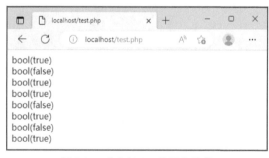

图 2-21　【示例 2-19】运行结果

6. 位运算符

位运算符主要应用于整型数据的运算过程。当表达式包含位运算符时，运算时会先将各个整型运算数转换为相应的二进制格式，然后再进行位运算。

PHP提供的位运算符及其用法如表2-13所示。

表 2-13　位运算符及其用法

位运算符	名称	用法	说明
&	按位与操作符	$a & $b	将$a和$b中都为1的位设为1
|	按位或操作符	$a | $b	将$a和$b中任何一个为1的位设为1
^	按位异或操作符	$a ^ $b	将$a和$b中一个为1另一个为0的位设为1
~	按位非操作符	~$a	将$a中为0的位设为1，为1的位设为0
<<	左移操作符	$a << $b	将$a中的位向左移动$b次（每一次移动就表示"乘以2"）
>>	右移操作符	$a >> $b	将$a中的位向右移动$b次（每一次移动就表示"除以2"）

【示例2-20】位运算符的应用。

使用位运算符的示例代码如下：

示例 2-20

```php
<?php
    $a = 7; //二进制为00000111
    $b = 2; //二进制为00000010
    echo ($a&$b )."<br>" ; //按位与操作后为00000010，转十进制为2
    echo ($a|$b)."<br>" ; //按位或操作后为00000111，转十进制为7
    echo ($a^ $b)."<br>" ; //按位异或操作后为00000101，转十进制为5
    echo (~$a)."<br>" ; //按位非操作后为11111000，转十进制为-8
    echo ($a<<$b)."<br>" ; // 向左位移两个单位后为00011100，转十进制为28
    echo ($a>>$b)."<br>" ; // 向右位移两个单位后为00000001，转十进制为1
?>
```

程序运行结果如图2-22所示。

图 2-22　【示例 2-20】运行结果

7. 字符串运算符

字符串运算符也称连接运算符，用于处理字符串的相关操作。在PHP中提供了两个字符串运算符：一个是连接运算符"."，它返回其左右参数连接后的字符串；另一个是连接赋值运算符".="，它将右边参数附加到左边的参数后再赋给左边的参数。

【示例2-21】字符串运算符的应用。

使用字符串运算符将两个字符串连接在一起，代码如下：

示例 2-21

```php
<?php
    $a = "今天";
    $b = $a ."是星期一，";
    echo $b ."<br>";
    $c = "明天";
    $c .= "是星期二。";
    echo ($c);
?>
```

程序运行结果如图2-23所示。

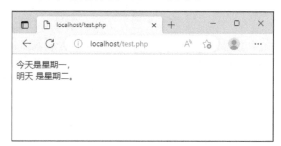

图 2-23 　【示例 2-21】运行结果

8. 数组运算符

数组运算符应用于数组的一些相关操作。PHP提供的数组运算符及其用法说明如表2-14所示。

表 2-14　数组运算符及其用法

数组运算符	运算符名称	示例	说明
+	联合	$a+$b	将数组$b中的元素附加到数组$a的后面，如果数组$b中某个元素的键名在数组$a中已经存在，则数组$b中该元素将被忽略掉（不需要附加），仍然使用数组$a中的元素
==	相等	$a==$b	如果$a与$b保存的数组具有相同的键值，则返回true
===	全等	$a===$b	如果$a与$b保存的数组具有相同的键值，且顺序和数据类型都一致，则返回true
!=或<>	不等	$a!=$b	如果$a与$b保存的数组不具有相同键值，且顺序和数据类型也不一致，则返回true
!==	不全等	$a!==$b	也称绝对不等于运算符。当运算符两边数值不相同或者类型不相同时，返回的结果是true，否则返回false

【示例2-22】数组运算符的应用。

应用数组运算符的示例程序如下：

示例 2-22

```php
<?php
    $a = array ("1" =>3,"2" =>5);
    $b = array ("color" =>"red","shape" =>"round");
    $c = array ("1" =>"3" ,"2" =>"5" );
    echo var_dump( $a +$b )."<br>" ;
    echo var_dump( $a ==$c )."<br>" ;
    echo var_dump( $a ===$c)."<br>" ;
    echo var_dump( $a !=$b)."<br>" ;
    echo var_dump( $a !==$c );
?>
```

程序运行结果如图2-24所示。

图 2-24 　【示例 2-22】运行结果

9. 错误抑制运算符

当PHP表达式产生错误而又不想将错误信息显示在页面上时，可使用错误抑制运算符。当表达式的前面加上"@"运算符以后，该表达式可能产生的任何错误信息都会被忽略。

【示例2-23】错误抑制运算符的应用。

未使用错误抑制运算符的示例代码如下：

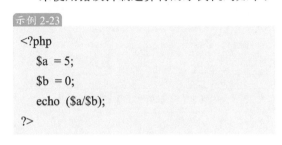

程序运行结果如图2-25所示。

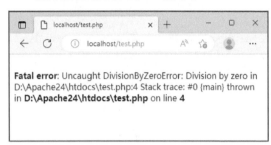

图 2-25 【示例 2-23】运行结果

程序运行时，浏览器会出现错误提示，如果在 ($a/$b) 前面加上"@"符号，即语句改写为 echo @($a/$b); ，则再次运行【示例2-23】时，就不会再显示任何错误信息。在程序的开发调试阶段，不应该使用错误抑制运算符，以便能够快速地发现错误。而在程序的发布阶段，可加上错误抑制运算符，以防止程序出现不友好的错误信息。

10. 类型运算符

PHP 5提供了一个类型运算符"instanceof"，该运算符用于判断指定对象是否来自指定的类。在PHP 5之前通过is_a()函数实现，现在不推荐使用这种方法了。

【示例2-24】类型运算符的应用。

应用类型运算符的示例代码如下：

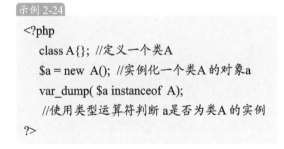

程序运行结果如图2-26所示。

图 2-26 【示例 2-24】运行结果

11. 执行运算符

执行运算符使用"`"（键盘数字1左边的按键）符号。使用这一运算符以后，该运算符内的字符串将会视为DOS命令行来处理。

【示例2-25】执行运算符的应用。

应用执行运算符的示例代码如下：

示例 2-25
```php
<?php
    $a = `dir c:\\AppServ`;
    echo $a;
?>
```

图 2-27 【示例 2-25】运行结果

12. 三元运算符

三元运算符（?:）的功能与"if…else"流程语句一致，它在一行中书写，代码精练，执行效率高。在PHP程序中恰当地使用三元运算符能够让脚本更为简洁、高效。三元运算符的使用格式为：

表达式1?表达式2:表达式3

说明：如果表达式1的值为true，则计算表达式2，否则计算表达式3。

【示例2-26】 三元运算符的应用。

应用三元运算符的示例代码如下：

示例 2-26
```php
<?php
    $a = 90;
    $b = $a>80?'成功':'失败';
    echo $b;
?>
```

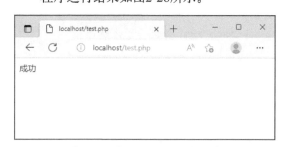

图 2-28 【示例 2-26】运行结果

13. 运算符的优先级

一个复杂的表达式往往包含了多种运算符，各个运算符优先级的不同决定了其被执行的顺序也不一样。高优先级的运算符所在的子表达式会先被执行，而低优先级的运算符所在的子表达式会后被执行。

表2-15从高到低列出了PHP运算符的优先级，同一行中的运算符具有相同优先级，然后运算符的优先级是运算表达式从左到右。对具有相同优先级的运算符，左结合方向意味着将从左向右求值，右结合方向则反之。对于无结合方向具有相同优先级的运算符，该运算符有可能无法与其自身结合。

表 2-15 PHP运算符优先级

优先级	结合方向	运算符	说明信息
1	非结合	clone new	clone和new
2	左	[]	array()
3	非结合	++ --	自增／自减运算符
4	非结合	~ (int)(float)(string)(array)(object)(bool) @	类型运算符
5	非结合	instanceof	类型运算符
6	右结合	!	逻辑运算符
7	左	* / %	算术运算符
8	左	+ - .	算术运算符和字符串运算符
9	左	<< >>	位运算符
10	非结合	<< = >> = <>	比较运算符
11	非结合	== != === !==	比较运算符
12	左	&	位运算符和引用运算符
13	左	^	位运算符
14	左	|	位运算符
15	左	&&	逻辑运算符
16	左	||	逻辑运算符
17	左	?:	三元运算符
18	右	= += -= *=/= .= %= &= |= ^= <<= >>=	赋值运算符
19	左	and	逻辑运算符
20	左	xor	逻辑运算符
21	左	or	逻辑运算符
22	左	,	逗号运算符

在复杂的表达式中,可以通过添加括号来限制各子表达式运算的优先级。

2.8 PHP函数

函数是可以在程序中重复使用的语句块,在页面加载时不会立即执行,只有在被调用时才会执行。

■2.8.1 定义和调用函数

函数就是将一些重复使用的功能写在一个独立的代码块中,在需要时单独调用。创建函数的语法格式为:

function fun_name($str1,$str2…$strn){

```
    fun_body
}
```

function为声明自定义函数时必须使用的关键字；fun_name为自定义的函数名称；$str1…$strn 是参数，可以有任意多个；fun_body是自定义函数的主体，是功能实现部分。

函数被定义后就可以调用了。调用函数的操作十分简单，只需要引用函数名并赋予正确的参数即可。

【示例2-27】定义和调用函数。

定义函数example()，计算传入参数的平方并返回结果，然后再调用该函数，代码如下：

示例 2-27
```
<?php
/*声明自定义函数*/
function example($num){
  return "$num * $num = ".$num * $num;
//返回计算后的结果
  }
echo example(10); //调用函数
?>
```

程序运行结果如图2-29所示。

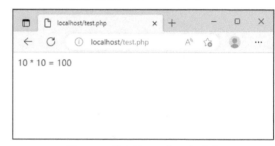

图 2-29 【示例 2-27】运行结果

■ 2.8.2 在函数间传递参数

函数在定义时如果带有参数，那么在函数调用时需要向函数传递数据。PHP支持以下几种参数传递方式。

1. 按值传递方式

按值传递是指将实参的值复制到对应的形参中，在函数内部的操作针对形参进行，操作的结果不会影响到实参，即函数返回后，实参的值不会改变。

【示例2-28】按值传递参数。

代码如下：

示例 2-28
```
<?php
function exam($var1){
$var1++;
echo "In Exam:" . $var1 . "<br />";
}
$var1 = 1;
echo $var1 . "<br />";
exam($var1);
echo $var1 . "<br />";
?>
```

程序运行结果如图2-30所示。

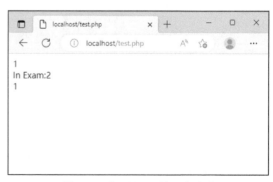

图 2-30 【示例 2-28】运行结果

2. 按引用传递方式

按引用传递是将实参的内存地址传递到形参中，此时，在函数内部的所有操作都会影响到实参的值，返回后，实参的值会发生变化。按引用传递方式就是按值传递的基础上加"&"符号即可。

【示例2-29】 引用传递参数。

代码如下：

```php
<?php
function exam( &$var1){
$var1++;
echo "In Exam:" . $var1 . "<br />";
}
$var1 = 1;
echo $var1 . "<br />";
exam($var1);
echo $var1 . "<br />";
?>
```

程序运行结果如图2-31所示。

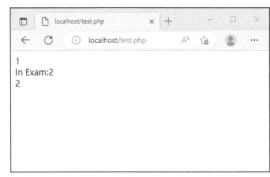

图 2-31 【示例 2-29】运行结果

3. 默认参数（可选参数）

还有一种设置参数的方式，即可选参数。这种方式是指可以指定某个参数为可选参数，将可选参数放在参数列表末尾，并且指定其默认值为空。

2.8.3 从函数中返回值

通常，函数将返回值传递给调用者的方式是使用关键字return。return将函数的值返回给函数的调用者，同时将程序的控制权返回到调用者的作用域。如果在全局作用域内使用return关键字，那么将终止脚本的执行。

【示例2-30】 从函数中返回值。

先定义函数values()，其作用是输入商品的价格、税金，然后计算总金额，最后输出商品的总金额，使用return返回。代码如下：

```php
<?php
  function values($price,$tax=0.45){    //定义一个函数，函数中的一个参数有默认值
  $price = $price+($price*$tax);        //计算商品总金额
    return $price;                      //返回总金额
  }
  echo values(100);                     //调用函数
?>
```

程序运行结果如图2-32所示。

图 2-32　【示例 2-30】运行结果

需要说明的是，return语句只能返回一个参数，即只能返回一个值，不能一次返回多个值。如果要返回多个结果，就要在函数中定义一个数组，将返回值存储在数组中返回。

2.8.4　变量函数

变量函数〔如echo()、print()、unset()、isset()、empty()、include()、require()以及类似的语句〕不能用于语言结构，需要使用自己的外壳函数将这些结构用作变量函数。

【示例2-31】变量函数的应用。

结合各个变量函数并输出，代码如下：

示例 2-31
```php
<?php
function foo() {
    echo "In foo()<br />\n";
}
function bar($arg = '') {
    echo "In bar(); argument was '$arg'.<br />\n";
}
// This is a wrapper function around echo
function echoit($string)
{
    echo $string;
}
$func = 'foo';
$func();        // This calls foo()
$func = 'bar';
$func('test');  // This calls bar()
$func = 'echoit';
$func('test');  // This calls echoit()
?>
```

程序运行结果如图2-33所示。

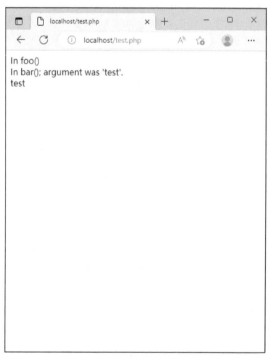

图 2-33　【示例 2-31】运行结果

2.8.5　对函数的引用

在PHP中，变量名和变量内容是不一样的，因此，同样的内容可以有不同的名字。在PHP中引用意味着用不同的名字访问同一个变量的内容。例如：

```
$a = 'hello world';
$b = &$a;
echo $a,$b;
```

这说明$a和$b指向同一个变量。同一个变量内容可以有不同的变量名，这就是引用。

【示例2-32】 PHP函数的引用传递（地址传递）。

函数的引用传递，即参数传递的是地址而不是值，示例的代码如下：

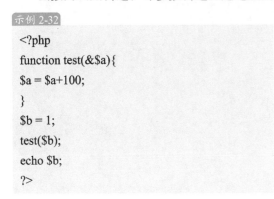

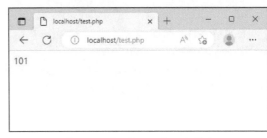

图 2-34　【示例 2-32】运行结果

由运行结果可以看出$b的值为101，因为test()函数传递的是地址，test($b)中的$b传递给函数参数$a的其实是$b的变量内容所处的内存地址，即$a指向的是$b变量，这样在函数里改变$a的值，实际上也就改变了$b的值。

2.8.6　取消引用

通过使用unset()函数可以打破内容和变量之间的绑定，即取消引用。该unset()函数不会破坏内容，而只是将变量与内容解耦。

【示例2-33】 取消对变量的引用。

定义一个变量$a，并定义$b引用了$a，然后取消$b的引用，由结果可以看出$a并没有被删除，代码如下：

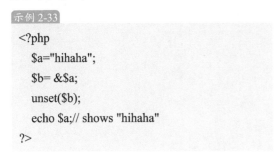

程序运行结果如图2-35所示。

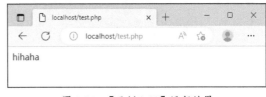

图 2-35　【示例 2-33】运行结果

课后作业

(1) 测试不同的数字，对比var_dump()函数返回变量的数据类型和值。

(2) 使用return函数，通过输入商品的价格、税金，然后计算总金额，最后输出商品的总金额。

第3章
流程控制语句

内容概要

如果没有流程控制语句,程序就不能正常运行。因为在实际操作中,总有一部分代码要根据用户的输入来决定执行序列,这就要用到流程控制。程序设计的结构一般分为顺序结构、选择(分支)结构和循环结构,流程控制语句针对的是后两种结构。

数字资源

【本章实例源代码来源】:"源代码\第3章"目录下

3.1 条件控制语句

条件控制语句就是对语句中的条件进行判断，进而根据条件执行不同的语句。PHP的条件控制语句主要有两个：if条件控制语句和switch多分支语句。

3.1.1 if语句

if条件控制语句是根据判断条件的结果执行不同的语句，是所有流程控制语句中最简单、最常用的一个。

if语句的语法格式为：

(1) if(expr)
statement　　//基本的表达式
(2) if(expr){statement}　　//执行多条语句时的语法格式
(3) if(expr){statement1}else{statement2}

该语句实现的功能：如果expr的值为true，则执行statement1；expr的值为false，则执行statement2。

(4) if(expr1){statement1}elseif(expr2){statement2}else{statement3}

该语句实现的功能：如果expr1的值为true，则执行statement1；expr1的值为false，则计算expr2的值；如果expr2的值为true，则执行statement2；expr2的值为false，则执行statement3。

> 提示：参数expr的结果为布尔值，如果为true将执行statement，如果为false则忽略statement。if语句可以无限层地嵌套到其他if语句中，从而实现更多条件的判断。

【示例3-1】 单分支if语句的应用。

用rand()函数随机生成一个1~31的数字，然后使用if语句判断其奇偶性，代码如下：

示例 3-1
```php
<?php
    $num = rand(1,31);
    if($num % 2 == 0){
        echo "\$num = $num";
        echo "<br> $num 是偶数";
    }
?>
```

程序运行结果如图3-1所示。

图 3-1 【示例 3-1】运行结果

3.1.2 if…else语句

该语句用于在条件值为true时执行else前面的代码，条件值为false时执行else后面的代码。

【示例3-2】 if…else语句的应用。

给定两个变量$a和$b，比较这两个变量的值。如果$a大于$b则显示"a大于b"，否则显示"a小于b"，代码如下：

示例 3-2
```php
<?php
$a = 1;
$b = 2;
if ($a >=$b) {
    echo "a大于或等于b";
} else {
    echo "a小于b";
}
?>
```

程序运行结果如图3-2所示。

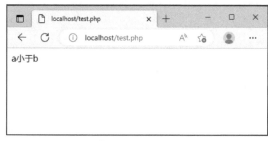

图 3-2 【示例 3-2】运行结果

3.1.3 elseif语句

elseif即if和else的组合，其功能类似于else，语法格式为：

if(expr1)
{statement1}
elseif(expr2)
{statement2}
else
{statement3}

【示例3-3】elseif语句的应用。

使用rand()函数随机生成1～31的随机数，然后判断其奇偶。这里采用一个含有elseif和else的嵌套格式的if语句，代码如下：

示例 3-3
```php
<?php
    $num = rand(1,31);
    if($num % 2 == 0){
        echo "变量$num 是偶数";
    }elseif($num % 2 <> 0){
        echo "变量$num 为奇数";
    }else{
        echo" 既不为奇数又不为偶数";
    }
?>
```

程序运行结果如图3-3所示。

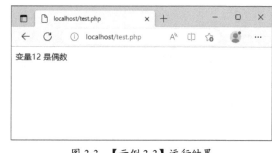

图 3-3 【示例 3-3】运行结果

3.1.4 switch多重判断语句

switch语句相当于对同一个表达式的一系列if语句。有时需要将同一个变量（或者表达式）和许多不同的值比较，并根据不同的比较结果执行不同的程序段。这就是switch语句实现的基本功能。

switch语句的语法格式为：

```
switch(expr){ //计算出表达式expr的值，或者是条件变量的名称
    case expr1;//放在case语句之后的expr1是要与条件变量expr进行匹配的值中的一个
        statement1; //条件匹配时执行的代码
        break; //终止语句的执行，即当语句在执行过程中，遇到break就停止执行，跳出switch语句
    case expr2;
        statement2;
        break;
        ...
    default;//case的一个特例，其他任何case都不匹配的情况，并且是最后一条case语句
        statementN;
        break;
}
```

【示例3-4】switch语句的应用。

使用switch语句判断变量，代码如下：

```
<?php
$B = "Hello";
$C = "Hello";
switch ($B) {
        case 20:
            echo "\$B的值是： 20<br>";
        break;
        case "W":
            echo "\$B的值是： W<br>";
        break;
        case "abc":
            echo "\$B的值是： abc<br>";
        break;
        case 10 + 15:
            echo "\$B的值是： 25<br>";
        break;
        case $C:
            echo "\$B的值是： $C<br>";
        break;
        default:
            echo "没有找到匹配的值！ <br>";
}
echo "<br>";
?>
```

程序运行结果如图3-4所示。

图 3-4 【示例 3-4】运行结果

3.2 循环控制语句

循环语句是指在满足条件的情况下反复执行某一操作。在PHP中提供了4种循环控制语句，分别是while语句、do…while语句、for语句和foreach语句。

3.2.1 while循环语句

while循环语句是循环控制语句中最简单的一个，也是最常用的一个。while循环语句对表达式的值进行判断，当表达式为非0时，执行while语句中的内嵌语句（循环体语句）；当表达式的值为0时，则不执行while语句中的内嵌语句。该语句的特点是：先判断表达式，后执行语句。

while语句的语法格式为：

```
while(expr){
statement
}
```

语法说明：

expr为条件判断表达式，只要表达式expr的值为true，就重复执行循环体中的statement语句。如果while表达式的值一开始就是false，则循环体语句statement一次也不执行。

【示例3-5】while语句的应用。

使用while循环实现n和n×10的输出，n的取值为1～10，代码如下：

```
<?php
$a = 1;
$b = 10;
while ($a <= $b) {
    $p = 10 * $a;
    echo "a:" . $a . "b:" . $p . "<br>";
    $a++;
}
?>
```

程序运行结果如图3-5所示。

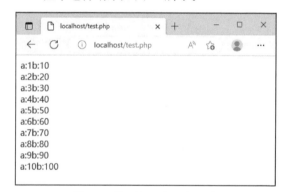

图 3-5 【示例 3-5】运行结果

3.2.2 do…while循环语句

do…while循环非常类似于while循环，只是它是在每次循环结束时检查表达式是否为真，而不是在循环开始时。它与while循环的主要区别是，do…while语句的第1次循环肯定要执行，而while循环则不一定，因为while每次循环开始时就检查表达式，如果在开始时表达式的值就为false，则循环会立即终止执行。

do…while循环只有一种形式，其语法格式为：

```
do{
statement
}
while(expr)
```

该语句先执行statement，然后判断expr。如果expr的值是true，则再次执行statement，如果expr的值是false，则循环终止。

【示例3-6】do…while循环语句的应用。

使用do…while循环语句遍历1～20之间的偶数，代码如下：

示例 3-6
```
<?php
echo "<b>do-while循环语句：</b><br>";
echo "1-20之间的偶数：<br>";
$i = 1;
do {
        if ($i % 2 == 0) echo $i . " ";
        $i++;
}
while ($i <= 20);
echo "<br><br>";
?>
```

程序运行结果如图3-6所示。

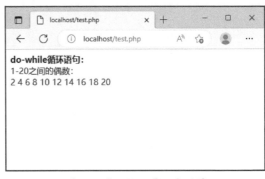

图 3-6　【示例 3-6】运行结果

3.2.3　for循环语句

for循环是PHP中最复杂的循环。for循环语句的语法格式为：

`for (expr1; expr2; expr3) statement`

语法说明：

第1个表达式expr1在循环开始前被无条件计算一次。expr2在每次循环开始前求值，如果其值为true，则继续执行循环语句statement；如果其值为false，则终止循环。expr3在每次循环语句statement执行完之后执行。

每个表达式都可以为空或包括逗号分隔的多个表达式。表达式expr2中，所有用逗号分隔的表达式都会计算，但只取最后一个结果。expr2为空意味着将无限循环下去。这可能不像想象中那样没有用，因为经常会希望用break语句来结束循环而不是用for的表达式真值判断。

【示例3-7】【示例3-8】和【示例3-9】for循环语句的应用。

用for循环实现显示数字1到10，代码如下：

【示例3-7】
```php
<?php
for ($i = 1;$i <= 10;$i++) {
            print $i;
}
?>
```

程序运行结果如图3-7所示。

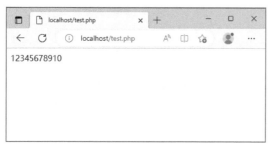

图 3-7　示例运行结果

【示例3-8】
```php
<?php
for ($i = 1;;$i++) {
    if ($i > 10) {
        break;
        }
        print $i;
}
?>
```

【示例3-9】
```php
<?php
$i = 1;
for (;;) {
    if ($i > 10) {
        break;
    }
    print $i;
    $i++;
}
?>
```

尽管都是使用for循环的例子，但运算方法有些不同，显然，【示例3-7】是最简洁的。for循环中很多场合可以使用空的表达式，如【示例3-8】、【示例3-9】所示。

■3.2.4　foreach循环语句

foreach循环控制语句自PHP 4引入，主要用于处理数组，是遍历数组的一种简单方法。如果将该语句用于处理其他的数据类型或者初始化的变量，将会产生错误。该语句的语法有如下两种格式。

```
foreach(array_expression as $key=>value){
statement
}
```

或者

```
foreach(array_expression as $value){
statement
}
```

array_expression是指定要遍历的数组，$key是数组的键名，$value是数组的值，statement是满足条件时要循环执行的语句。

【示例3-10】foreach循环语句的应用。

使用foreach循环的语句遍历array数组中的数据，代码如下：

示例 3-10

```php
<?php
$arr=array("one", "two", "three");
foreach ($arr as $value)
{
 echo "Value: " . $value . "";
}
?>
```

程序运行结果如图3-8所示。

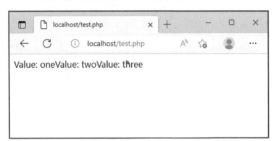

图 3-8 【示例 3-10】运行结果

■3.2.5 跳转语句

跳转语句主要包括break语句、continue语句、return语句和exit语句，其中前两个跳转语句的用法非常简单且容易掌握，主要原因是它们都被应用在指定的环境中，如switch语句、for循环语句中。return语句在应用环境上较前两者相对单一，一般被使用在自定义函数和面向对象的类中。exit语句效果和return类似。

1. break

break关键字可以终止当前的循环，包括while、do…while、for、foreach和switch在内的所有控制语句，break语句不仅可以跳出当前的循环，还可以指定跳出几重循环，此时格式为：

break n;

参数n指定要跳出的循环数量。

程序执行break语句后将跳出循环，开始继续执行循环体的后续语句。

【示例3-11】break跳转语句的应用。

使用break语句跳出for循环，代码如下：

示例 3-11

```php
<?php
for ($i = 1;$i <= 10;$i++) {
        for ($j = 1;$j <= 10;$j++) {
                $m = $i * $i + $j * $j;
                echo " $m \n <br/> ";
                if ($m < 90 || $m > 190) {
                        break 2;
                }
        }
}
?>
```

程序运行结果如图3-9所示。

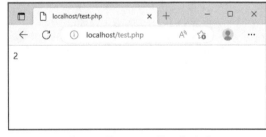

图 3-9 【示例 3-11】运行结果

2. continue

continue跳转语句的作用是终止本次循环，但不退出循环，而是进入到下一次循环中。在执行contiue语句后，程序将结束本次循环的执行，并开始下一轮循环的执行操作。

continue也和break类似，可以指定跳出几重循环，其语法格式与break跳出多重循环类似。

【示例3-12】 continue跳转语句的应用。

使用continue语句跳出for循环，代码如下：

```php
<?php
for ($i = 1;$i <= 10;$i++) {
        for ($j = 1;$j <= 10;$j++) {
                $m = $i * $i + $j * $j;
                echo "$m \n";
                if ($m < 90 || $m > 190) {
                        continue 2;
                }
        }
}
?>
```

与break语句不同的是，continue语句在跳出第2层循环后会继续执行第1层循环，而break可以指定跳出所有循环。

程序运行结果如图3-10所示。

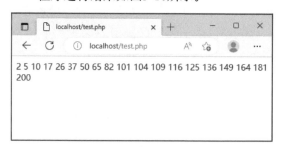

图 3-10 【示例3-12】运行结果

break和continue语句都有实现跳转的功能。区别在于，continue语句只是结束本次循环，并不是终止整个循环的执行，而break语句则是结束整个循环过程，不再判断执行循环的条件是否成立。

3. exit

exit语句是用来结束程序执行的，可以用在任何地方，本身没有跳出循环的含义。exit可以带一个参数，如果参数是字符串，PHP将会直接把字符串输出；如果参数是integer整数（范围是0～254），那个参数将会被作为结束状态使用。

【示例3-13】 exit语句的应用。

代码如下：

```php
<?php
for ($i = 100;$i >= 1;$i--) {
        if (sqrt($i) >= 29) {
                echo "$i \n<br/>";
        } else {
                exit;
        }
}
```

```
echo "本行将不会被输出";
?>
```

上面这个示例，exit语句直接在从循环里结束了代码的运行，其后面无论还有多少代码都不会再执行了。如果是在一个PHP Web页面中，甚至exit后面的HTML代码都不会被输出。

4. return

return语句用于结束一段代码并返回一个参数。return语句可以在一个函数中使用，也可以在一个include()或者require()语句包含的文件中使用，还可以在主程序中使用。如果是在函数中使用就会马上结束函数的运行并返回参数；如果是在include()或者require()语句包含的文件中被使用，程序执行将会马上返回到调用该文件的程序，而返回值将作为include()或者require()的返回值；如果是在主程序中使用，那么主程序将会马上停止执行。

【示例3-14】 return语句的应用。

在for循环中使用return语句跳出循环，其后的echo语句也不会执行，代码如下：

示例 3-14
```
<?php
for ($i = 100;$i >= 1;$i--) {
        if (sqrt($i) >= 29) {
                echo "$i \n<br/>";
        } else {
                return;
        }
}
echo "本行将不会被输出";
?>
```

这里的例子和上面使用exit的效果是一样的。

课后作业

（1）使用rand()函数随机生成1～50的随机数，然后使用含有elseif和else的if语句判断其奇偶并输出。

（2）使用foreach循环语句遍历array数组中的数据。

第4章
字符串操作

内容概要

在Web应用中，用户与系统的交互基本上是通过文字进行的，因此在PHP中，很多情况下需要对字符串进行处理。所以正确地使用字符串功能在开发中很重要，可以提高开发效率。

数字资源

【本章实例源代码来源】："源代码\第4章"目录下

4.1 字符串简介

在PHP中，字符串是一个非常重要的概念。字符串是指由零个或多个字符构成的一个字符集合，其中，字符主要包含以下几种类型。

- 数字类型，如1、2、3等。
- 字母类型，如a、b、c、d等。
- 特殊字符，如#、$、%、^、&等。
- 不可见字符，如\n（换行符）、\r（回车符）、\t（Tab字符）等。

注意，不可见字符是比较特殊的一组字符，它一般用于控制字符串的格式化输出。在浏览器上这类字符是不可见的，只能看到字符串输出的结果。

PHP中字符串通常用双引号或单引号来标识，但是单引号和双引号在使用上有一定区别。对于普通的字符串常量，看不出两者之间的区别，但通过字符串变量即可轻松理解两者之间的区别。

双引号中的内容是要经过PHP的语法分析器解析的，在双引号中的任何变量都会被转换成它的值进行输出；而单引号的内容是"所见即所得"的，无论有无与之同名的变量，都被当作普通字符串进行原样输出。

【示例4-1】单引号与双引号的区别。

程序代码如下：

示例4-1
```php
<?php
$str = "PHP";
$str1 = "$str";
$str2 = '$str';
echo $str1 . "<br>";
echo $str2;
?>
```

程序运行结果如图4-1所示。

由运行结果可以看出，单引号字符串和双引号字符串在PHP中的处理是不相同的。双引号字符串中的内容可以被解释并替换，而单引号字符串中的内容只能作为普通字符处理。

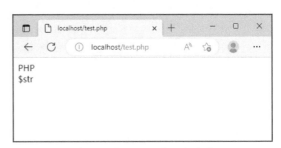

图 4-1 【示例4-1】运行结果

> 提示：在进行SQL查询之前，所有字符串都必须加单引号，以避免可能的注入漏洞和SQL错误。

4.2 字符串的连接符

半角句号"."是字符串连接符,可以把两个或两个以上的字符串连接成一个字符串。应用字符串连接符号无法实现大量简单字符串的连接,但PHP允许在双引号中直接包含字符串变量。通过这种方式,在echo语句后面使用双引号可以达到字符串连接的效果。

【示例4-2】字符串的连接。

使用字符串连接符连接字符串并输出,代码如下:

示例 4-2
```php
<?php
$str1="Java";
$str2="PHP";
echo "$str1"."$str2"."C++";
?>
```

程序运行结果如图4-2所示。

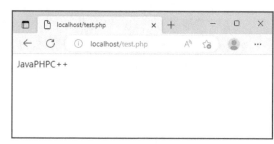

图 4-2 【示例 4-2】运行结果

4.3 字符串操作

在编程过程中,字符串操作是非常重要的,且经常会用到。字符串的常用操作包括字符串的连接、替换、查找、比较、复制,以及计算字符串的长度等。

■ 4.3.1 去除字符串首尾空格和特殊字符

用户在输入数据时,经常会在无意中输入多余的空格。在有些情况下,这些多余的空格是不允许出现的。因此,在PHP中提供了trim()函数(去除字符串左右两边的空格和特殊字符)、ltrim()函数(去除字符串左边的空格和特殊字符)、rtrim()函数(去除字符串中右边的空格和特殊字符)。

1. trim()函数

该函数用于去除字符串开始位置和结束位置的空格,并返回去掉空格后的字符串。

语法格式为:

```
string trim(string str [,string charlist])
```

参数说明:

参数str是要操作的字符串对象;参数charlist为可选参数,用于指定要从字符串中删除哪些字符,如果不设置该参数,则所有的可选字符都将被删除。

参数charlist的可选值如表4-1所示。

表 4-1　charlist 的可选值

参数值	说明
\0	null（空值）
\t	Tab制表符
\n	换行符
\x0B	垂直制表符
\r	回车符
" "	空格

> **提示**：除了以上默认的过滤字符列表外，也可以在charlist参数中提供要过滤的特殊字符。

【示例4-3】trim()函数的应用。

使用trim()函数去除字符串左右两边的空格及特殊字符"\r\r(: :)"，代码如下：

示例 4-3
```
<?php
$str="\r\r(:@_@　学习PHP　@_@:) ";
echo trim($str);//去除字符串左右两边的空格
echo "<br>";
echo trim($str,"\r\r(: :)");//去除字符串左右两边
                //的空格与特殊字符\r\r(::)
?>
```

程序运行结果如图4-3所示。

图 4-3　【示例 4-3】运行结果

2. ltrim()函数

该函数用于去除字符串左边的空格或者指定字符串。

语法格式为：

string ltrim(string str [,string charlist])

参数str与charlist的说明与trim()函数相同。

【示例4-4】ltrim()函数的应用。

使用ltrim()函数去除字符串左边的空格及特殊字符"(:@_@"，代码如下：

示例 4-4
```
<?php
$str=" (:@_@　学习PHP　@_@:) ";
echo ltrim($str);//去除字符串左边的空格
echo "<br>";
echo ltrim($str," (:@_@");
//去除字符串右边的特殊字符 (:@_@
?>
```

程序运行结果如图4-4所示。

图 4-4　【示例 4-4】运行结果

4.3.2 转义、还原字符串函数

转义、还原字符串数据可以用addslashes()函数和stripslashes()函数实现。

1. addslashes()函数

addslashes()函数用于为字符串加入反斜线"\"。

语法格式为：

string addslashes (string str)

2. stripslashes()函数

stripslashes()函数用于将使用addslashes()函数转义后的字符串返回原样。

语法格式为：

string stripslashes(string str);

【示例4-5】stripslashes()函数还原字符串。

使用转义函数addslashes()对字符串进行转义，然后使用stripslashes()函数进行还原，代码如下：

```
<?php
$str="php,'学习PHP'";
echo $str."<br>";
$a=addslashes($str); //对字符串中的特殊字符
                     //进行转义
echo $a."<br>";
$b=stripslashes($a);//对转义字符进行还原
echo $b;
?>
```

程序运行结果如图4-5所示。

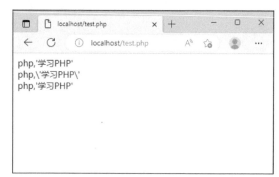

图 4-5 【示例 4-5】运行结果

> ❗ **提示**：所有数据在插入数据库之前，有必要应用addslashes()函数进行字符串转义，以免特殊字符未经转义在插入数据库时出现错误。另外，对于使用addslashes()函数实现的自动转义字符串可以使用stripslashes()函数进行还原，但数据在插入数据库之前必须再次进行转义。

以上两个函数实现了对指定字符串进行自动转义和还原。除了上面介绍的方法外，还可以对要转义、还原的字符串进行一定范围的限制，通过使用addcslashes()函数和stripcslashes()函数实现对指定范围内的字符串进行自动转义、还原。

3. addcslashes()函数

该函数用于实现将字符串中由charlist指定的字符前加上反斜线。

语法格式为：

string addcslashes (string str, string charlist)

参数说明：

参数str为将要被操作的字符串；参数charlist指定在字符串中的哪些字符前加上反斜线"\"，如果参数charlist中包含\n、\r等字符，将以C语言风格转换，而其他非字母、非数字，以及ASCII码低于32或ASCII码高于126的字符均转换成八进制数表示。

提示：在定义参数charlist的范围时，需要明确在开始与结束范围内的字符。

4. stripcslashes()函数

stripcslashes()函数用来将应用addcslashes()函数转义的字符串str还原。

语法格式为：

string stripcslashes (string str)

【示例4-6】stripcslashes()函数还原字符串。

使用addcslashes()函数对字符串进行转义，再使用stripcslashes()函数对转义的字符串进行还原，代码如下：

```
<?php
$str="学习PHP";
echo $str."<br>";
$b=addcslashes($str,"学习PHP");
echo $b."<br>";
$c=stripcslashes($b);
echo $c;
?>
```

程序运行结果如图4-6所示。

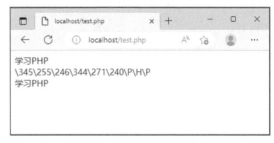

图 4-6 【示例 4-6】运行结果

提示：在缓存文件中，一般对缓存数据的值采用addcslashes()函数进行指定范围的转义。

■4.3.3 获取字符串的长度

获取字符串的长度使用的是strlen()函数。

语法格式为：

int strlen(string str)

参数说明：

关于字符串的长度，汉字占3个字符，数字、英文、小数点、下划线和空格则占1个字符。

【示例4-7】strlen()函数的应用。

利用strlen()函数获取指定字符串的长度，代码如下：

示例 4-7
```php
<?php
echo strlen("你好PHP");
?>
```

程序运行结果如图4-7所示。

图 4-7 【示例 4-7】运行结果

■4.3.4 截取字符串

字符串截取可以采用PHP的预定义函数substr()实现。
语法格式为：

string substr (string str, int start [, int length])

参数说明如表4-2所示。

表 4-2 函数 substr() 的参数说明

参数	说明
str	指定字符串对象
start	指定开始截取字符串的位置。如果参数start为负数，则从字符串的末尾开始截取
length	可选参数，指定截取字符的个数。如果length为负数，则表示取到倒数第length个字符

【示例4-8】substr()函数的应用。

使用substr截取字符串，代码如下：

示例 4-8
```php
<?php
echo substr("hello,PHP!",0)."<br>";
//从第0个字符开始截取
echo substr("hello,PHP!",3,5)."<br>";
//从第3个字符开始截取5个字符
echo substr("hello,PHP!",-5,2)."<br>";
//从倒数第5个字符开始截取两个字符
echo substr("hello,PHP!",0,-5)."<br>";
//从第0个字符截取到倒数第5个字符
?>
```

程序运行结果如图4-8所示。

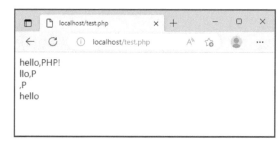

图 4-8 【示例 4-8】运行结果

> ❶ 提示：substr()函数在截取中文字符串时，如果截取的字符串中出现奇数，那么就会导致截取的中文字符串出现乱码，因为一个中文字符由两个字节组成。所以，substr()函数适用于对英文字符串的截取。

■4.3.5 比较字符串

在PHP中,对字符串进行比较的方法有如下3类。
(1)使用strcmp()函数,按照字节进行比较。
(2)使用strnatcmp()函数,按照自然排序法进行比较。
(3)使用strncmp()函数,指定从源字符串的位置开始比较。

1. 按字节进行字符串的比较

按字节进行字符串比较的方法有两种,分别是strcmp()函数和strcasecmp()函数,通过这两个函数即可实现对字符串按字节进行比较。这两种函数的区别是:strcmp()函数区分字符的大小写,而strcasecmp()函数不区分字符的大小写。

strcmp()函数的语法格式为:

int strcmp (string str1, string str2)

参数说明:

str1、str2:指定要比较的两个字符串。如果str1与str2相等,则返回值为0;如果str1大于str2,则返回值大于0;如果str1小于str2,则返回值小于0。

【示例4-9】**strcmp()函数与strcasecmp()函数的应用。**

按字节进行字符串的比较,代码如下:

```
<?php
$str1="你好,PHP!";
$str2="你好,PHP!";
$str3="HELLO,PHP!";
$str4="hello,PHP!";
echo strcmp($str1,$str2)."<br>";
echo strcmp($str3,$str4)."<br>";
echo strcasecmp($str3,$str4);
?>
```

程序运行结果如图4-9所示。

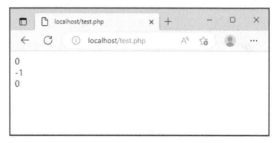

图 4-9 【示例 4-9】运行结果

2. 按自然排序法进行字符串的比较

在PHP中,自然排序法比较的是字符串中的数字部分,将字符串中的数字按照大小进行排序。按自然排序法进行字符串的比较是通过strnatcmp()函数实现的。

语法格式为:

int strnatcmp (string str1, string str2)

参数说明：

str1、str2：指定要比较的两个字符串。如果str1与str2相等，则返回值为0；如果str1大于str2，则返回值大于0；如果str1小于str2，则返回值小于0。需要注意的是，本函数比较str1和str2时会区分字母大小写。

【示例4-10】strnatcmp()函数的应用。

按自然排序法进行字符串的比较，代码如下：

```php
<?php
$str1="ww2";
$str2="ww10";
echo strnatcmp($str1,$str2)."<br>";
?>
```

程序运行结果如图4-10所示。

图4-10 【示例4-10】运行结果

3. 指定从源字符串的位置开始比较

strncmp函数为字符串比较函数，其功能是将字符串str1和字符串str2进行比较，最多比较前len个字符。若str1与str2的前len个字符相同，则返回0；若str1大于str2，则返回大于0的值；若str1小于str2，则返回小于0的值。

语法格式为：

int strncmp(string str1,string str2,int len)

参数说明：

- str1：字符串1。
- str2：字符串2。
- len：一个整数，表示字符串中进行比较的字符个数。

【示例4-11】strncmp()函数的应用。

按指定的从源字符串的位置开始比较两个字符串并输出比较结果，代码如下：

```php
<?php
$str1="Ww2";
$str2="ww10";
echo strncmp($str1,$str2,1)."<br>";
?>
```

程序运行结果如图4-11所示。

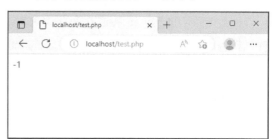

图4-11 【示例4-11】运行结果

4.3.6 检索字符串

PHP语言中提供了许多用于检索字符串的函数，使得PHP也可以像Word那样实现对字符串的查找功能，从而非常方便地实现查找想要查找的内容或关键字，以及统计字符串出现的次数等功能。下面介绍常用的两个字符串检索函数。

1. 使用strstr()函数查找指定的关键字

该函数的功能是获取一个指定字符串在另一个字符串中首次出现的位置到后者末尾的子字符串。如果存在相匹配的字符，则返回一个子字符串；如果没有找到相匹配的字符串，则返回值为false。

语法格式为：

string strstr (string haystack, string needle)

参数说明：

- haystack：源字符串。
- needle：要查询的指定字符串。
- 返回值：在haystack字符串中找出needle字符串出现的第1个位置（从0开始）。如果haystack字符串中不存在needle字符串，则返回-1。当needle是空字符串时，返回值为0。

【示例4-12】 strstr()函数的应用。

在字符串中检索指定的关键字，并判断是否符合条件，代码如下：

示例 4-12

```php
<?php
    $str1="b.png";
    if(strstr($str1,".")!=".png"){
        echo "格式不准确！<br>";
    }else{
        echo "格式准确！<br>";
    }
?>
```

程序运行结果如图4-12所示。

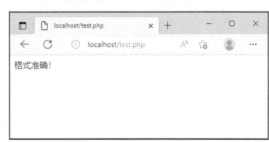

图 4-12 【示例 4-12】运行结果

2. 使用substr_count()函数获取指定字符在字符串中出现的次数

语法格式为：

int substr_count(string haystack,string needle)

参数说明：

- haystack：必选参数，用于指定从哪个字符串中进行搜索。
- needle：必选参数，用于指定搜索的对象，如果该数是一个数值，那么将搜索与这个数值的ASCII码值相匹配的字符。

- 返回值：返回needle在haystack中出现的次数。

【示例4-13】substr_count()函数的应用。

使用substr_count()函数可获取指定字符在字符串中出现的次数，代码如下：

示例 4-13
```php
<?php
$str1="你好，PHP";
echo substr_count($str1,"P");
?>
```

程序运行结果如图4-13所示。

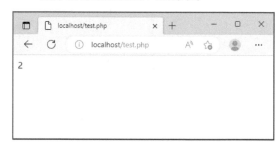

图 4-13 【示例4-13】运行结果

■4.3.7 替换字符串

替换字符串可以通过str_ireplace()函数实现。

str_ireplace()的语法格式为：

mixed str_ireplace (mixed search, mixed replace, mixed subject [, int &count])

参数说明：
- search：必选参数，指定需要查找的字符串。
- replace：必选参数，指定替换的值。
- subject：必选参数，指定查找的范围。
- count：可选参数，指定执行替换的数量。

该函数的功能是将所有在参数subject中出现的参数search以参数replace替换，参数&count表示替换字符串执行的次数。需要注意的是，本函数对参数指定内容进行操作时是区分大小写的。

【示例4-14】str_ireplace()函数的应用。

对指定字符串中的指定字符进行替换，代码如下：

示例 4-14
```php
<?php
$str1="你好，PHP";
echo str_ireplace("你好","Hello",$str1);
?>
```

程序运行结果如图4-14所示。

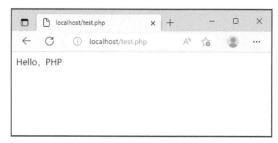

图 4-14 【示例4-14】运行结果

4.3.8 格式化字符串

格式化字符串可以使用sprintf()函数，其语法格式为：

sprintf(format,arg1,arg2,arg……)

参数说明：

- format：必选参数，转换格式。
- arg1：必选参数，规定插到format字符串中第1个"%"符号处的参数。
- arg2：可选参数，规定插到format字符串中第2个"%"符号处的参数。
- arg++：可选参数，规定插到format字符串中第3、4……"%"符号处的参数。

其中参数format是转换的格式，以百分比符号"%"开始到转换字符结束。下面是常用的format值。

- %%：表示百分比符号。
- %b：表示二进制数。
- %c：表示ASCII码值对应的字符。
- %d：表示带符号十进制数。
- %e：表示科学记数法（如1.5e+3）。
- %u：表示无符号十进制数。
- %f：表示浮点数（local settings aware）。
- %F：表示浮点数（not local settings aware）。
- %o：表示八进制数。
- %s：表示字符串。
- %x：表示十六进制数（小写字母）。
- %X：表示十六进制数（大写字母）。

【示例4-15】 sprintf()函数的应用。

使用sprintf()函数格式化字符串输出，代码如下：

```
<?php
$str = '99.9';
$result = sprintf('%01.2f', $str);
echo $result;//结果显示99.90
?>
```

程序运行结果如图4-15所示。

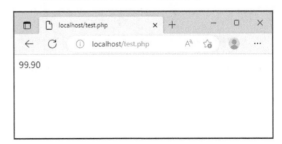

图 4-15 【示例 4-15】运行结果

4.3.9 分割字符串

分割字符串的函数是explode()，它可以按照特定的分隔符对字符串进行分割，分割的元素存储在数组中返回。另外，还可以使用参数limit限制分割元素的数量。

语法格式为：

array explode(string separator, string input [, int limit])

参数说明：
- separator：必选参数，规定的分割字符串。
- input：必选参数，要分割的字符串。
- limit：可选参数，规定所返回的数组元素的数目，可能的值分以下几种情况。
    ◆ 大于0：返回包含最多limit个元素的数组。
    ◆ 小于0：返回包含除了最后的limit个元素以外的所有元素的数组。
    ◆ 0：返回包含一个元素的数组。

使用该函数将返回一个字符串数组。

【示例4-16】 explode()函数的应用。

使用explode()函数对字符串进行分割，代码如下：

示例 4-16
```
<?php
$str = 'apple,banana';
$result = explode(',', $str);
print_r($result);//结果显示array('apple','banana')
?>
```

程序运行结果如图4-16所示。

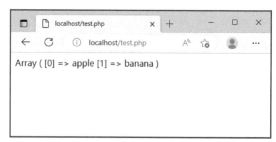

图 4-16 【示例 4-16】运行结果

4.3.10 合并字符串

合并字符串的函数是implode()，它的功能与explode()函数相反，是把一个数组元素中的内容通过特定的分隔符拼接起来。

语法格式为：

string implode(string $glue,array $pieces)

或

string implode(array $pieces)

参数说明：
- $glue：用于连接数组元素的字符串。如果没有指定，默认为空格。
- $pieces：要连接的数组。

函数的返回结果为数组中所有元素连接而成的字符串。

【示例4-17】 **implode()函数的应用。**

使用implode()函数实现字符串的拼接，代码如下：

示例 4-17
```
<?php
$arr = array('Hello', 'World!');
$result = implode('', $arr);
print_r($result);//结果显示HelloWorld!
?>
```

程序运行结果如图4-17所示。

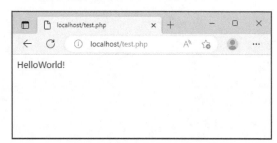

图 4-17　【示例 4-17】运行结果

课后作业

（1）使用自动转义字符函数addslashes()对字符串进行转义，然后再使用stripslashes()函数进行还原。

（2）使用substr_count()函数获取字符"l"在字符串"Hello World"中出现的次数。

第5章 正则表达式

内容概要

正则表达式，又称规则表达式。许多程序设计语言都支持利用正则表达式进行字符串操作。例如，在Perl语言中就内建了一个功能强大的正则表达式引擎，Java语言也有自带的正则表达式。正则表达式的概念最初来源于Unix中的工具软件（如sed和grep），之后逐渐被各语言采用而普及开来。正则表达式通常缩写成"regex"，单数有regexp、regex，复数有regexps、regexes、regexen。

数字资源

【本章实例源代码来源】："源代码\第5章"目录下

5.1 正则表达式的概念

正则表达式是一种特殊的字符串模式，用于匹配一组字符串，类似于用模具做产品，而正则就是这个模具，定义一种规则去匹配符合规则的字符。

美国新泽西州的Warren McCulloch和出生在美国底特律的Walter Pitts是两位神经生理方面的科学家，他们研究出了一种用数学方式描述神经网络的新方法，创造性地将神经系统中的神经元描述成了小而简单的自动控制元。

1951年，一位名叫Stephen Kleene的数学家在Warren McCulloch和Walter Pitts早期工作的基础之上，发表了一篇题目为《神经网事件的表示法》的论文。在论文中，他利用称之为"正则集合"的数学符号来描述模型，因而引入了"正则表达式"的概念。这就是"正则表达式"这个术语的由来。

之后一段时间，人们发现可以将这一工作成果应用于其他方面。正则表达式被广泛地应用到各种Unix或类似于Unix的工具中，如Perl语言。Perl语言中的正则表达式源自于Henry Spencer编写的regex，之后演化成了PCRE（Perl Compatible Regular Expressions，Perl兼容的正则表达式）。PCRE是一个由Philip Hazel开发的、为很多现代工具所使用的库。正则表达式的第1个实用应用程序即为Unix中的qed编辑器；然后，正则表达式在各种计算机语言或各种应用领域得到了广泛的应用和发展。如今，正则表达式在基于文本的编辑器和搜索工具中占据着非常重要的地位。

元字符，就是指那些在正则表达式中具有特殊意义的专用字符，可以用来规定其前导字符（即位于元字符前面的字符）在目标对象中的出现模式。要想真正用好正则表达式，正确理解元字符是非常重要的。

表5-1列出了在PHP中正则表达式的常用元字符及其描述，表5-2列出了预定义字符集，表5-3列出了不可打印字符集。

表 5-1 常用的元字符

字符	描述
.	匹配除 "\n" 之外的任何单个字符。要匹配包括 '\n' 在内的任何字符，需用 '[.\n]' 的模式
^	匹配输入字符串的开始位置。如果设置了RegExp对象的Multiline属性，^ 也匹配 '\n' 或 '\r' 之后的位置
$	匹配输入字符串的结束位置。如果设置了RegExp对象的Multiline属性，$也匹配 '\n' 或 '\r' 之前的位置
*	匹配前面的子表达式零次或多次。例如，zo* 能匹配 "z" 及 "zoo"。* 等价于{0,}
+	匹配前面的子表达式一次或多次。例如，'zo+' 能匹配 "zo" 及 "zoo"，但不能匹配 "z"。+ 等价于 {1,}
?	匹配前面的子表达式零次或一次。例如，"do(es)?" 可以匹配 "do" 或 "does" 中的"do"。? 等价于 {0,1}

(续表)

字符	描述
{n}	n是一个非负整数，表示匹配确定的n次。例如，'o{2}' 不能匹配 "Bob"中的 'o'，但是能匹配 "food" 中的两个'o'
{n,}	n是一个非负整数，表示至少匹配n次。例如，'o{2,}' 不能匹配 "Bob" 中的 'o'，但能匹配 "fooood" 中的所有'o'。'o{1,}' 等价于 'o+'，'o{0,}' 则等价于 'o*'
{n,m}	m和n均为非负整数，其中n <= m，表示最少匹配 n 次且最多匹配m次。例如，"o{1,3}" 将匹配 "foooood" 中的前3个'o'。'o{0,1}' 等价于 'o?'。需要注意，在逗号和两个数之间不能有空格
\b	匹配一个单词边界，也就是指单词和空格间的位置。例如， 'er\b' 可以匹配"never" 中的 'er'，但不能匹配 "verb" 中的 'er'
\B	匹配非单词边界。例如，'er\B' 能匹配 "verb" 中的 'er'，但不能匹配 "never" 中的 'er'
\	将下一个字符标记为一个特殊字符、或一个原义字符、或一个向后引用、或一个八进制转义符。例如，'n' 匹配字符 "n"，'\n' 匹配一个换行符，序列 '\\' 匹配 "\"，而 '\(' 则匹配 "("
(?:pattern)	匹配pattern但不获取匹配结果，也就是说，这是一个非获取匹配，不会存储供以后使用，这在使用 "或" (|)字符组合一个模式的各个部分时很有用。例如，'industr(?:y|ies) 就是一个比 'industry|industries' 更简略的表达式
(?=pattern)	正向预查，在任何匹配pattern的字符串开始处匹配查找字符串。这是一个非获取匹配，也就是说，该匹配不需要获取供以后使用。例如，'Windows (?=95|98|NT|2000)' 能匹配 "Windows 2000" 中的 "Windows"，但不能匹配 "Windows 3.1" 中的 "Windows"。预查不消耗字符，也就是说，在一个匹配发生后，在最后一次匹配之后立即开始下一次匹配的搜索，而不是从包含预查的字符之后开始
(?!pattern)	负向预查，在任何不匹配pattern的字符串开始处匹配查找字符串。这是一个非获取匹配，也就是说，该匹配不需要获取供以后使用。例如，'Windows (?!95|98|NT|2000)' 能匹配 "Windows 3.1" 中的 "Windows"，但不能匹配 "Windows 2000" 中的 "Windows"。预查不消耗字符，也就是说，在一个匹配发生后，在最后一次匹配之后立即开始下一次匹配的搜索，而不是从包含预查的字符之后开始

表 5-2　反斜杠指定的预定义字符集

字符	描述
\d	匹配一个数字字符，等价于 [0-9]
\D	匹配一个非数字字符，等价于 [^0-9]
\s	匹配任何空白字符，包括空格、制表符、换页符等，等价于 [\f\n\r\t\v]
\S	匹配任何非空白字符，等价于 [^ \f\n\r\t\v]
\w	匹配包括下划线的任何单词字符，等价于'[A-Za-z0-9_]'
\W	匹配任何非单词字符，等价于 '[^A-Za-z0-9_]'

表 5-3　反斜杠指定的不可打印字符集

字符	描述
\f	匹配一个换页符，等价于 \x0c 和 \cL
\n	匹配一个换行符，等价于 \x0a 和 \cJ
\r	匹配一个回车符，等价于 \x0d 和 \cM
\t	匹配一个制表符，等价于 \x09 和 \cI
\cx	匹配由x指明的控制字符

5.2　正则表达式的常用函数及其应用

在PHP中有两套正则表达式函数库。一套是由PCRE库提供的。PCRE库使用和Perl相同的语法规则实现了正则表达式的模式匹配，一般使用以"preg_"为前缀命名的函数。另一套是由POSIX（Portable Operation System Interface，可移植操作系统接口）扩展库提供的。POSIX扩展的正则表达式由POSIX 1003.2定义，一般使用以"ereg_"为前缀命名的函数。

两套函数库的功能相似，但执行效率稍有不同。一般而言，实现相同的功能，使用PCRE库的效率略占优势。下面的介绍是以PCRE库函数为例的。

5.2.1　正则表达式的匹配函数

正则表达式的匹配函数为preg_match()。preg_match()函数返回结果是匹配次数，它的值是0（不匹配）或1，因为preg_match()在第1次匹配后将会停止搜索。

语法格式为：

int preg_match (string $pattern, string $content [, array $matches])

参数说明：
- $pattern：要搜索的模式，字符串形式。
- $content：输入字符串。
- $matches：如果提供了参数matches，它将被填充为搜索结果。$matches[0]将包含完整模式匹配到的文本，$matches[1]将包含第1个捕获子组匹配到的文本，以此类推。

preg_match()函数的功能为在$content字符串中搜索与$pattern给出的正则表达式相匹配的内容，如果提供了$matches参数，则将匹配结果放入其中。

该函数只做一次匹配，最终返回匹配结果数：0表示不匹配，1表示匹配成功。

【示例5-1】preg_match()函数的应用1。

使用正则表达式的匹配函数实现对日期时间的匹配，代码如下：

示例 5-1

```php
<?php
//需要匹配的字符串。date函数返回当前时间
$content = "Current date and time is ".date("Y-m-d h:i a").", we are learning PHP together.";
//使用通常的方法匹配时间
if (preg_match ("/\d{4}-\d{2}-\d{2} \d{2}:\d{2} [ap]m/", $content, $m))
{
echo "匹配的时间是： " .$m[0];
}
//由于时间的模式明显，也可以简单地匹配
if (preg_match ("/([\d-]{10}) ([\d:]{5} [ap]m)/", $content, $m))
{
echo "当前日期是： " .$m[1]. "\n";
echo "当前时间是： " .$m[2]. "\n";
}
?>
```

程序运行结果如图5-1所示。

图 5-1 【示例 5-1】运行结果

【示例5-2】preg_match()函数的应用2。

使用preg_match()函数检验文件名的合法性，代码如下：

示例 5-2

```php
<?php
    $email = "qwe@123.com";
    if(preg_match("/^[a-zA-Z0-9_\-\.]+@[a-zA-Z0-9_]+\.+[a-zA-Z0-9.]+$/",$email))
{
    echo "邮箱合法";
}else{
    echo "邮箱不合法";
}
?>
```

程序运行结果如图5-2所示。

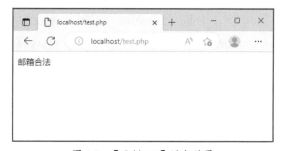

图 5-2 【示例 5-2】运行结果

5.2.2 数组查询匹配函数

preg_grep()函数用于返回匹配模式的数组条目。

语法格式为：

array preg_grep (string $pattern , array $input [, int $flags = 0])

参数说明：
- $pattern：要搜索的模式，字符串形式。
- $input：输入的数组。
- $flags：如果设置为PREG_GREP_INVERT，则此函数返回输入数组中与给定模式pattern不匹配的元素组成的数组。

需要说明的是，对于输入数组$input中的每个元素只进行一次匹配。

【示例5-3】返回数组中指定匹配的元素。

使用preg_grep()函数进行数组查询匹配，代码如下：

示例 5-3
```
<?php
$array = array(1, 2, 3.4, 53, 7.9);
// 返回所有包含浮点数的元素
$fl_array = preg_grep("/^(\d+)?\.\d+$/", $array);
print_r($fl_array);
?>
```

程序运行结果如图5-3所示。

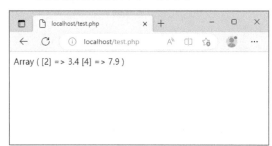

图 5-3 【示例 5-3】运行结果

5.2.3 进行全局正则表达式匹配

preg_match_all()函数用于执行一个全局正则表达式匹配。与preg_match()函数类似，若使用了第3个参数，则会将所有可能的匹配结果存入其中。本函数返回整个模式匹配的次数（可能为0），如果出错则返回false。

语法格式为：

int preg_match_all (string $pattern,string $subject [,array &$matches [, int $flags = PREG_PATTERN_ORDER [, int $offset = 0]]])

搜索$subject中所有匹配由$pattern给定的正则表达式的匹配结果，并且将它们以$flags指定的顺序输出到$matches中。在第1个匹配找到后，继续从最后一次匹配位置开始搜索子序列，直到$subject所有字符匹配完。

参数说明：
- $pattern：要搜索的模式，字符串形式。

- $subject：输入字符串。
- $matches：多维数组，作为输出参数输出所有匹配结果，数组排序通过flags指定。
- $flags：$matches数组元素的排序标记有两种形式——PREG_PATTERN_ORDER和PREG_SET_ORDER（注意，这两种形式不能同时使用）。
  - ◆ PREG_PATTERN_ORDER：结果排序为$matches[0]保存完整模式的所有匹配，$matches[1]保存第1个子组的所有匹配，以此类推。
  - ◆ PREG_SET_ORDER：结果排序为$matches[0]包含第1次匹配得到的所有匹配（包含子组），$matches[1]是包含第2次匹配得到的所有匹配（包含子组），以此类推。
- offset：可选参数，表示从目标字符串中由$offset指定的位置开始搜索（单位是字节）。通常不指定$offset时，搜索是从目标字符串的起始位置开始的。

【示例5-4】preg_match_all()函数的应用。

使用preg_match_all()函数将文本中的链接地址转成HTML，代码如下：

示例 5-4

```php
<?php
//功能：将文本中的链接地址转成HTML
//输入：字符串
//输出：字符串
function url2html($text)
{
    //匹配一个URL，直到出现空白为止
    preg_match_all("/http:\/\/?[^\s]+/i", $text, $links);
    //设置页面显示URL地址的长度
    $max_size = 40;
    foreach($links[0] as $link_url)
    {
        //计算URL的长度。如果超过$max_size的设置，则缩短
        $len = strlen($link_url);
        if($len > $max_size)
        {
            $link_text = substr($link_url, 0, $max_size)."...";
        } else {
            $link_text = $link_url;
        }
        //生成HTML文字
        $text = str_replace($link_url,"<a href='$link_url'>$link_text</a>",$text);
    }
    return $text;
}
```

```
//运行实例
$str = "这是一个包含多个URL链接地址的多行文字。欢迎访问http://www.xxx.com";
print url2html($str);
?>
```

程序运行结果如图5-4所示。

图 5-4 【示例5-4】运行结果

■5.2.4 正则表达式的替换

正则表达式的替换函数有两个：pregi_replace()和preg_replace()，两者的功能一致，只是前者忽略大小写。

preg_replace()函数的语法格式为：

string preg_replace (string $pattern, string $replacement, string $string)

pregi_replace()函数的语法格式为：

string pregi_peplace (string $pattern, string $replacement, string $string)

preg_replace()函数和pregi_replace()函数的功能是在$string指定的字符串中搜索模式字符串$pattern，并将所匹配的结果替换为$replacement指定的字符串。

参数说明：
- $pattern：要搜索替换的目标字符串或字符串数组。
- $replacement：用于替换的字符串或字符串数组。
- $string：将要被处理的字符串。

当$pattern中包含模式单元（或子模式）时，$replacement中形如"\1"或"$1"的位置将依次被这些子模式所匹配的内容替换，而"\0"或"$0"是指整个的匹配字符串的内容。需要注意的是，在双引号中反斜线作为转义符使用，所以必须使用"\\0""\\1"的形式。

【示例5-5】preg_replace()函数的应用。

使用pre_replace()函数完成字符串的替换，将字符串的字符"baidu"替换为"xiaomi"，代码如下：

示例 5-5
```
<?php
$string = 'baidu 123, 456';
$pattern = '/(\w+) (\d+), (\d+)/i';
$replacement = 'xiaomi ${2},$3';
echo preg_replace($pattern, $replacement, $string);
?>
```

程序运行结果如图5-5所示。

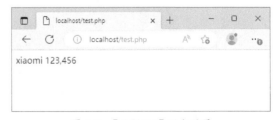

图 5-5 【示例5-5】运行结果

5.2.5 正则表达式的拆分

正则表达式拆分函数是preg_split()，该函数返回一个字符串数组，每个单元中的内容为$string经正则表达式$pattern作为边界分割出的子串。

语法格式为：

array preg_split (string $pattern, string $string [, int $limit])

参数说明：
- $pattern：用于指定作为分解标识的符号。注意，该参数区分大小写。
- $string：用于被处理的字符串。
- $limit：返回分解子串个数的最大值，缺省时为全部返回。

如果设定了$limit，则返回的数组最多包含$limit个单元，而其中最后一个单元包含了$string中剩余的所有部分。preg_spliti是preg_split的忽略大小写的版本。

【示例5-6】preg_split()函数的应用。

使用preg_split()函数拆分日期并输出，代码如下：

```php
<?php
//使用逗号或空格(包含" ", \r, \t, \n, \f)分隔短语
$keywords = preg_split("/[\s,]+/", "hypertext language, programming");
print_r($keywords);
?>
```

程序运行结果如图5-6所示。

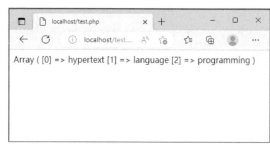

图5-6 【示例5-6】运行结果

课后作业

（1）使用正则表达式的匹配函数对日期时间进行匹配。
（2）使用preg_match()函数检验邮箱名是否合法。
（3）使用preg_match_all()函数，将文本中的链接地址转成HTML。

第6章 PHP数组

内容概要

数组是对大量数据进行有效组织和管理的手段之一。通过数组可以对大量数据进行存储、插入、排序、删除等操作，从而有效提高程序开发的效率。同时，PHP中还提供了许多与数组操作相关的函数，使得数组具有了强大的功能。

数字资源

【本章实例源代码来源】："源代码\第6章"目录下

6.1 数组的概念

PHP对数组的操作能力非常强大，为开发人员提供了大量与数组操作相关的系统函数。

6.1.1 什么是数组

在PHP中，数组就是一组数据的集合，即把一系列的数据组织起来，形成一个可以操作的整体。PHP中的数组比较复杂，也比其他高级语言中的数组更为灵活。数组是一组有序的变量，其中的每个变量都被称为一个元素。每个元素由一个特殊的标识符来区分，这个标识符称为键（也可以称为下标）。

数组中的每个元素都包含两项：键和值。可以通过键值获取相对应的数组元素的值，这些键值可以是数值键或者关联键。PHP支持以下两种数组类型。

- 索引数组（indexed array）：以数字作为下标，默认下标值从数字0开始，不需要特别指定，PHP会自动地为索引数组的键名复制一个自动递增的整数。
- 关联数组（associative array）：以字符串或数值和字符串混合的形式作为下标。在数组中只要有一个键名不是数字，那么这个数组就称为关联数组。

6.1.2 声明数组

在PHP中，声明数组的方式主要有两种。

1. 应用array()函数声明数组

array()函数用于新建一个数组，它需要接收一定数量的用逗号分隔的key => value参数对。其语法格式为：

array([key=>]value, …)

说明：

key可以是数字或者字符串，value可以是任何值。

【示例6-1】使用array()函数声明数组。

使用array()函数声明一个数组，代码如下：

示例 6-1

```php
<?php
$array=array("1"=>"a","2"=>"b","3"=>"c","4"=>"d");
print_r($array);
?>
```

程序运行结果如图6-1所示。

图 6-1 【示例 6-1】运行结果

2. 直接为数组元素赋值

如果在创建数组时不知道所创建数组的大小，或在实际编写程序时数组的大小可能发生变化，采用这种数组创建方法较好。

【示例6-2】直接为数组元素赋值。

直接为数组元素赋值的示例，代码如下：

示例 6-2
```php
<?php
$array[1]="I";
$array[2]="love";
$array[3]="PHP";
print_r($array);  // 输出所创建数组的结构
?>
```

程序运行结果如图6-2所示。

图 6-2 【示例 6-2】运行结果

6.1.3 遍历数组

PHP中遍历数组有3种常用的方法。
- 使用for语句循环遍历数组。
- 使用foreach语句遍历数组。
- 联合使用list()、each()和while循环遍历数组。

在这3种方法中，效率最高的是使用foreach语句遍历数组。

1. 使用for语句循环遍历数组

使用for语句循环遍历数组要求遍历的数组必须是索引数组。

【示例6-3】for语句遍历数组的应用。

使用for语句循环遍历数组，代码如下：

示例 6-3
```php
<?php
$arr = array('php','java','c');
$num = count($arr);
for($i=0;$i<$num;++$i){
    echo $arr[$i].'<br />';
}
?>
```

程序运行结果如图6-3所示。

图 6-3 【示例 6-3】运行结果

本例代码中先计算出数组$arr中元素的个数，然后再使用for语句，这样效率更高。因为如果使用for($i=0;$i<count($arr);++$i)语句，每次循环都需要计算数组$arr中元素的个数，而使用上面的方式可以省去这一步骤。使用++$i也是为了提高效率。

2. 使用foreach语句遍历数组

foreach语句是一种遍历数组的简便方法。foreach仅能用于数组，当试图将它用于其他数据类型或者一个未初始化的变量时会产生错误。

foreach语句遍历数组的语法格式为：

foreach(array_expression as $value){ }

【示例6-4】用foreach语句遍历数组。

使用foreach语句遍历数组并输出，代码如下：

```php
<?php
$arr = array('php','java','c');
foreach($arr as $value){
    echo $value.'<br />';
}
?>
```

程序运行结果如图6-4所示。

图6-4 【示例6-4】运行结果

每次执行循环时，当前元素的值被赋给变量$value，并且把数组内部的指针向后移动一步。所以，下一次执行循环时会得到数组的下一个元素，直到数组的结尾，停止循环，结束数组的遍历。

3. 联合使用each()、list()和while循环遍历数组

each()函数需要一个数组作为传递的参数，然后返回数组中当前元素的键值对，并向后移动数组的指针到下一个元素的位置。键值对返回为带有4个元素的关联和索引混合的数组，键名分别为0、1、key、value，其中，键名0和key对应的值是一样的，都是数组元素的键名；1和value则包含有数组元素的值。如果数组内部指针越过了数组的末端，则each()返回false。

list()函数只能够用于数字索引的数组，并且假定索引从0开始。list()函数在使用上与其他函数不同，并不是直接接收一个数组作为参数，而是通过"="运算符以赋值的方式，将数组中的每一个元素的值，对应地赋值给list()函数中的参数。list()函数又将它的每一个参数转换为直接在脚本中使用的变量。

while循环遍历数组的语法格式为：

```
while(list($key,$value) = each(array_expression)){
循环体
}
```

这就是以联合体的格式遍历给定的array_expression数组。在while()语句每次循环中，each()函数将当前数组元素的键赋给list()函数的第1个参数变量$key，将当前数组元素中的值赋给list()函数中的第2个参数变量$value，并且each()语句执行之后还会把数组内部的指针向后移动一步。因此，下次循环执行while()语句时，将会得到该数组中下一个元素的键值对。直到数组的结尾，each()函数返回false，while()语句停止循环，结束对数组的遍历。

6.2 数组的构造

PHP中的数组实际上是一个有序映射。映射是一种把values关联到keys的类型。PHP数组可以同时含有integer和string类型的键名，因为PHP实际并不区分索引数组和关联数组。键（key）可以是一个整数或一个字符串，值（value）可以是任意类型的值。数组元素的值也可以是另一个数组，即多维数组。树形结构和多维数组在PHP中也是允许的。

6.2.1 一维数组

数组是一个由若干同类型变量组成的集合，引用这些变量时可用同一个名字。数组均由连续的存储单元组成，最低地址对应于数组的第1个元素，最高地址对应于最后一个元素，数组可以是一维的，也可以是多维的。

一维数组是以单纯的排序结构排列的结构单一的数组，它是二维数组和多维数组的基础。

【示例6-5】用array()函数创建一维数组。

使用array()函数创建一维数组并输出一维数组的结构，代码如下：

示例 6-5
```
<?php
$array = array(1=>"a",2=>"b",3=>"c");
print_r($array);
?>
```

图 6-5　【示例 6-5】运行结果

程序运行结果如图6-5所示。

6.2.2 二维数组

二维数组又称为矩阵，本质上是以数组作为数组元素的数组。一个数组的元素如果是一维数组，则称这个数组是二维数组。

【示例6-6】用array()函数创建二维数组。

使用array()函数创建二维数组并输出数组的结构，代码如下：

程序运行结果如图6-6所示。

示例 6-6
```
<?php
$atr = array(
  "网站"=>array("PHP","中文","网"),
  "体育用品"=>array("M"=>"足球","N"=>"篮球"),
  "水果"=>array("橙子",8=>"葡萄","苹果")
); //声明数组
print_r($atr); //打印输出数组结构
?>
```

图 6-6　【示例 6-6】运行结果

6.3 字符串与数组的转换

字符串与数组的转换在程序开发过程中经常使用，PHP主要使用explode()函数和implode()函数实现。

1. 使用explode()函数将字符串转换成数组

explode()函数将字符串依指定的字符串separator分开并放入数组中。

explode()函数的语法格式为：

```
array explode(string separator,string string [,int limit])
```

参数说明：
- separator：字符串或单个字符，作为分隔符分隔字符串。
- string：指定的字符串。
- limit：可选项，如果设定了此值，表示分隔后数组元素的长度。

该函数返回由字符串组成的数组，每个数组元素都是指定字符串string的一个子串，它们都被分隔字符串separator分隔开来。如果设置了limit参数，则返回的数组包含最多limit个元素，而最后那个元素将包含string的剩余部分；如果分隔符separator为空字符串("")，explode()函数将返回false；如果分隔符separator所包含的值在字符串string中找不到，那么explode()函数将返回整个string作为单个元素的数组；如果参数limit是负数，则返回除了最后的limit个元素外的所有元素。

【示例6-7】 用explode()函数分割字符串。

使用explode()函数将"PHP、java、c"字符串按照"、"进行分隔，代码如下：

示例 6-7

```php
<?php
$str = "PHP、java、c";              //定义一个字符串
$strs = explode("、","$str");        //应用explode()函数将字符串转换成数组
print_r($strs);                     //输出数组元素
?>
```

程序运行结果如图6-7所示。

图 6-7 【示例 6-7】运行结果

2. 使用implode()函数将数组转换成一个字符串

implode()函数的语法格式为：

string implode(string glue,array pieces)

参数说明：
- glue：字符串类型，是指要传入的分隔符。
- pieces：数组类型，指被传入的要合并元素的数组变量名称。

该函数将返回通过分隔符连接数组元素而成的一个字符串。

【示例6-8】用implode()函数拼接字符串。

使用implode()函数将数组中的内容以空格作分隔符进行连接，从而组合成一个新的字符串，代码如下：

示例 6-8

```
<?php
$str=array("PHP" ,"java","c","python");
echo implode(" ",$str); //以空格作为分隔符将
        //数组中的元素组合成一个新的字符串
?>
```

程序运行结果如图6-8所示。

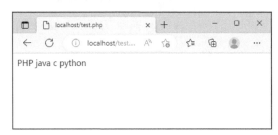

图 6-8　【示例 6-8】运行结果

6.4 统计数组元素个数

在PHP中，应用count()函数可以统计数组中的元素个数，其语法格式为：

int count(mixed var[,int mode])

参数说明：
- var：指定操作的数组对象。
- mode：可选参数，如果mode的值设置为count_recursive（或1），count()函数将检测多维数组；参数mode的默认值是0，该函数返回数组元素的个数。

【示例6-9】用count()函数统计元素个数。

用count()函数统计数组中元素的个数，并输出统计结果，代码如下：

示例 6-9

```
<?php
    $array=array(0=>'php',1=>'java',2=>'C',3=>'C#');
    echo count($array); //统计数组中元素个数，并使用echo语句输出统计结果
?>
```

程序运行结果如图6-9所示。

图 6-9　【示例6-9】运行结果

6.5 查询数组中指定元素

查找、筛选与搜索数组元素是数组操作的一些常用功能。下面介绍几个相关的函数。

1. in_array()函数

in_array()函数的功能是：在一个数组中搜索一个特定值，如果找到这个值则返回true，否则返回false。

该函数的语法格式为：

boolean in_array(mixed needle,array haystack[,boolean strict])

参数说明：
- needle：必选参数，表示要在数组中搜索的值。
- haystack：必选参数，表示要搜索的数组。
- strict：可选参数，如果该参数设置为true，则该函数检查搜索的数据与数组中的值时还要考虑两者的类型是否相同，即强制在搜索时考虑类型。

【示例6-10】用in_array()函数查找元素。

查找字符串"apple"是否在数组中，如果在则输出信息"apple已经在数组中"，代码如下：

示例 6-10
```
<?php
$fruit = "apple";
$fruits = array("apple","banana","orange","pear");
if( in_array($fruit,$fruits) )
    echo "$fruit 已经在数组中";
?>
```

程序运行结果如图6-10所示。

图 6-10　【示例 6-10】运行结果

2. array_key_exists()函数

如果在一个数组中找到一个指定的键，函数array_key_exists()将返回true，否则返回false。该函数的语法格式为：

boolean array_key_exists(mixed key,array array)

参数说明：
- key：必选参数，指定要搜索的键名。
- array：必选参数，指定数组。

【示例6-11】用**array_key_exists()**函数找到指定的键。

在数组键中搜索键值"apple"，如果找到，将输出该键值所对应的元素值，代码如下：

```
<?php
$fruit["apple"] = "red";
$fruit["banana"] = "yellow";
$fruit["pear"] = "green";
if(array_key_exists("apple", $fruit)){
            printf("apple's color is %s",$fruit["apple"]);
        }
?>
```

程序运行结果如图6-11所示。

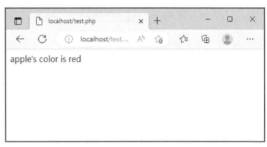

图6-11 【示例6-11】运行结果

3. array_search()函数

array_search()函数的功能是：在一个数组中搜索一个指定的值，如果找到则返回相应的键，否则返回false。

该函数的语法格式为：

mixed array_search(mixed needle,array haystack[,boolean strict])

参数说明：
- needle：必选参数，指定在数组中要搜索的键值。
- array：必选参数，指定被搜索的数组。
- strict：可选参数，如果该参数设置为true，则函数在数组中搜索数据类型和值都一致的元素。

【示例6-12】用**array_search()**函数搜索指定的值。

在$fruits数组中搜索一个特定的值，如果找到，则返回相应值的有关信息，代码如下：

```
<?php
$fruits["apple"] = "red";
```

```php
$fruits["banana"] = "yellow";
$fruits["watermelon"]="green";
$founded = array_search("green", $fruits);
if($founded)
        printf("%s was founded on %s.",$founded, $fruits[$founded]);
?>
```

程序运行结果如图6-12所示。

图 6-12 【示例6-12】运行结果

6.6 数组的排序

在PHP中自带了大量的数组排序函数，下面介绍几个常用的关于PHP数组排序的函数。

1. sort()函数

sort()函数用于对数组元素从低到高进行排序，如果成功则返回true，失败则返回false。
该函数的语法格式为：

bool sort(array &array [, int sort_flags])

参数说明：
- array：必选参数，指定要进行排序的数组。
- sort_flags：可选参数，指定如何排列数组的元素/项目。可能的值有：
  - 0 = SORT_REGULAR：默认。把每一项按常规顺序排列（Standard ASCII，不改变类型）。
  - 1 = SORT_NUMERIC：把每一项作为数字来处理。
  - 2 = SORT_STRING：把每一项作为字符串来处理。
  - 3 = SORT_LOCALE_STRING：把每一项作为字符串来处理，基于当前的区域设置〔可通过 setlocale() 进行更改〕。
  - 4 = SORT_NATURAL：把每一项作为字符串来处理，使用类似natsort()函数的自然排序。
  - 5 = SORT_FLAG_CASE：可以结合（按位或）SORT_STRING 或 SORT_NATURAL 对字符串进行排序，不区分大小写。

本函数会为排序的数组中的单元赋予新的键名，这将删除原有的键名而不仅是重新排序。

【示例6-13】sort()函数排序。

用sort()函数为数组排序并打印输出，代码如下：

【示例6-13】

```php
<?php
$arr = array("b", "a", "c");
sort($arr);
print_r($arr);
?>
```

程序运行运行结果如图6-13所示。

图6-13　【示例6-13】运行结果

在本例中，$arr数组元素被按照字母顺序排序，而数组元素经过排序后，键值重新分配。

2. asort()函数

asort()函数用于对数组元素从低到高排序并保持索引关系，如果成功则返回true，失败则返回false。

语法格式为：

bool asort(array &array [, int sort_flags])

参数说明：

asort()函数的参数同sort()函数一样，可参见sort()函数，在此不再赘述。

【示例6-14】用asort()函数排序。

使用asort()函数对数组元素从低到高进行排序并打印输出数组，代码如下：

【示例6-14】

```php
<?php
$arr = array("b", "a", "c");
asort($arr);
print_r($arr);
?>
```

程序运行结果如图6-14所示。

图6-14　【示例6-14】运行结果

3. ksort()函数和arsort()函数

ksort()函数用于对数组元素按照键名从低到高进行排序，如果成功则返回true，失败则返回false。本函数会保留原来的键名，因此常用于关联数组。arsort()函数格式与ksort()函数相同，只是排序方式为从高到低排序。

语法格式为：

bool ksort(array &array [, int sort_flags])
bool arsort(array &array [, int sort_flags])

这两个函数的参数说明同sort()函数一样，在此不再赘述。

【示例6-15】用ksort()函数排序。

对数组元素进行按键名由低到高排序并打印输出数组，代码如下：

示例6-15
```php
<?php
$arr = array("b"=>18, "a"=>20, "c"=>25);
ksort($arr);
print_r($arr);
?>
```

程序运行结果如图6-15所示。

图 6-15 【示例6-15】运行结果

6.7 预定义数组

从PHP 4.1.0开始，PHP提供了一套附加的预定义数组，这些数组变量包含了来自Web服务器、客户端、运行环境和用户输入的数据，这些数组非常特别，通常被称为自动全局变量。这些预定义数组的说明如表6-1所示。

表 6-1 PHP预定义数组说明

预定义数组	说明
$_SERVER	变量由Web服务器设定或者直接与当前脚本的执行环境相关联
$_ENV	执行环境提交至脚本的变量
$_GET	经由URL请求提交至脚本的变量
$_POST	经由HTTP POST方法提交至脚本的变量
$_REQUEST	经由GET、POST和Cookie机制提交至脚本的变量，因此该数组并不值得信任
$_FILES	经由HTTP、POST文件上传而提交至脚本的变量
$_COOKIE	经由HTTP Cookies方法提交至脚本的变量
$_SESSION	当前注册给脚本会话的变量
$GLOBALS	包含一个指向每个当前脚本的全局变量范围内有效的变量。该数组的键名为全局变量的名称

课后作业

（1）使用for语句循环遍历数组。

（2）使用implode()函数将数组中的内容以空格作分隔符进行连接，从而组合成一个新的字符串。

（3）给定数组fruits，如【示例6-11】中的数组，然后在数组键中搜索"apple"，如果找到，输出这个数组元素的值。

第 7 章 PHP与Web页面交互

内容概要

PHP与Web页面交互是实现PHP网站与用户交互的重要手段。在PHP中提供了两种与Web页面交互的方法：一种是通过Web表单提交数据，另一种是通过URL参数传递。本章将详细讲解表单的相关知识，为以后学习PHP页面交互打好基础。

数字资源

【本章实例源代码来源】："源代码\第7章"目录下

7.1 表单

表单是构成网页的最基本的单位。网站要实现用户注册、登录、搜索、在线购物等功能都离不开表单。利用PHP能够非常简单地获得并处理由HTML的表单生成的数据。

7.1.1 创建表单

Web表单的功能是使浏览者和网站可以实现互动。它主要用于在网页中发送数据到服务器，如提交注册信息时需要使用表单：当用户填写完信息后执行提交（submit）操作，就会将表单中的数据从客户端的浏览器传送到服务器端，经过服务器端PHP程序处理获得用户信息，再将用户所需要的信息传递回客户端的浏览器上，从而使PHP与Web表单实现交互。

在HTML标记间插入表单元素<form>，即可创建一个表单。HTML中表单代码片段为：

```
<form name="form_name" method="method" action="url" enctype="value" target="target_win" id="id">
……
</form>
```

表单常用属性说明如表7-1所示。

表 7-1 表单常用属性说明

属性	说明
name	表单名
method	设置表单的提交方式，即GET或POST。method默认设置为GET
action	设置表单数据提交的URL（相对位置或绝对位置）
enctype	指定数据传送到服务器时浏览器使用的编码类型（用于对表单内容进行编码的MIME类型）
target	设置返回信息的显示格式

其中，<form>标记中target属性的设置，用于控制返回信息在窗口中的打开方式，其设置选项有以下几种。

- _blank：将返回信息显示在新的窗口中。
- _parent：将返回信息显示在父级窗口中。
- _self：将返回信息显示在当前窗口中。
- _top：将返回信息显示在顶级窗口中。

在使用表单时，必须要指定其行为属性action，用于指定表单提交数据的处理页。GET方法是将表单内容附加在URL地址后面；POST方法是将表单中的信息作为一个数据块发送到服务器的处理程序中，在浏览器的地址栏中不显示提交的信息。method属性默认为GET方法。

7.1.2 表单元素

表单由表单元素组成。常用的表单元素有以下几种标记：输入域标记<input>、选择域标记<select>和<option>、文本域标记<textarea>等。

1. 输入域标记<input>

输入域标记<input>是表单中最常用的标记之一。

例如：

```
<input type="text" name="text" value="" />
<input type="radio" name="xingbie" checked=" checked" /> 男
<input type="radio" name="xingbie" /> 女
```

属性name是指输入域的名称；属性type是指输入域的类型。在<input>标记中共提供了10种类型的输入域。用户所选择的输入域类型由type属性决定。

10种类型的输入域说明如下所述。

（1）type='text'：单行文本输入框（默认的输入类型）。

文本输入框，是一个单行的控件，一般是带有内嵌框的矩形。例如：

```
<input type="text" size="30" maxlength="20" placeholder="请输入搜索关键字" />
```

该行代码说明：input元素类型为文本输入框；文本输入框的长度为30；最多只能输入20个字符；输入框中提示用户内容为"请输入搜索关键字"。

（2） type='password'：密码输入框。

密码输入框，与文本输入框基本一样，功能上唯一的不同是字母输入后会被隐藏，一般是用小黑点代替。例如：

```
<input type="password" size="10" maxlength="10" />
```

该行代码说明：input元素类型为密码输入框；密码输入框的长度为10；最多只能输入10个字符。

（3）type='radio'：单选按钮。

单选按钮，允许用户从给定数目的选项中选择一个选项；同一组选项按钮，其name值一定要一致。例如：

```
男<input type="radio" value="男" name="single" />
女<input type="radio" value="女" name="single" checked />
```

以上两行代码说明：input元素类型为单选按钮；value属性中的值用来设置用户选中该项目后提交到数据库中的值；拥有相同name属性的单选框为同一组，一个组里只能同时选中一个选项；checked属性表示该项是已经选择的初始选项，在用户还没进行选择之前，初始设置为选中"女"这个项目。

（4）type='checkbox'：复选框。

复选框，允许用户从给定数目的选项中选一个或多个选项；同一组选项按钮，其name值一定要一致。例如：

广州<input type="checkbox" value="广州" name="city" />
深圳<input type="checkbox" value="深圳" name="city" />
杭州<input type="checkbox" value="杭州" name="city" />
北京<input type="checkbox" value="北京" name="city" />

以上代码说明：input元素类型为复选框；用户可以选择多个选项，value属性中的值用来设置用户选中该项目后提交到数据库中的值；name为控件的名称。

（5）type='button'：普通按钮。

普通按钮，定义可单击的按钮，但没有任何行为，常用于用户单击时调用JavaScript方法。例如：

<input type="button" value="喜欢请点个赞吧" name="btn" onClick="" />

该行代码说明：input元素类型为普通按钮；在value属性中输入的值为按钮上显示的文本；name代表该按钮的名称；onclick表示单击该按钮时的处理程序。

（6）type='submit'：提交按钮。

提交按钮，用于创建提交表单的按钮。例如：

<input type="submit" value="提交" name="subBtn" />

该行代码说明：input元素类型为提交按钮；提交按钮不需要设置onclick参数，在单击提交按钮时可以向服务器发送表单数据，数据会发送到表单的action属性中指定的页面；value属性中的值为按钮上显示的文字。

（7）type='reset'：重置按钮。

重置按钮，用于创建重置表单的按钮。例如：

<input type="reset" value="重置按钮" name="reset" />

该行代码说明：input元素类型为重置按钮；重置按钮的作用是单击之后表单会刷新回到初始的默认状态，在value属性中输入的值为按钮上显示的文本。

（8）type='image'：图像按钮。

图像按钮，该类型可以设置width、height、src、alt这4个属性。用图片作为提交按钮会一起发送单击在图片上的x和y坐标，这样可以与服务器端的图片地图结合使用。如果图片有name属性，也会随坐标发送。例如：

<input type="image" src="" name="确定" width="90" height="30" />

该行代码说明：input元素类型为图像按钮；虽然显示是图片，实际是图片形式的按钮；src是链接图片的路径；name为图片名称；width为图片宽度；height为图片高度；当按下图像按钮时会以name中的值向服务器发送信息。

(9) type='hidden':隐藏域。

隐藏域,定义隐藏输入类型,用于在表单中增加对用户不可见但却需要提交的额外数据时。disabled属性无法与type="hidden"的input元素一起使用。例如:

```
<input type="hidden" name="hidden" value="提交的值" />
```

该行代码说明:input元素类型为隐藏域;隐藏域在页面上不显示,用于存储与传递表单的值,当用户提交表单时,隐藏域的内容会一起提交给处理程序。

(10) type='file':文件域。

文件域,用于文件上传。例如:

```
<input type="file" name="file" accept="image/png,image/jpg,image/gif,image/JPEG" />
```

该行代码说明:input元素类型为文件域;accept属性表示可上传的提交文件的类型。

2. 选择域标记<select>和<option>

通过选择域标记<select>和<option>可以建立一个列表或者菜单。菜单节省空间,正常状态下只能看到一个选项,单击按钮打开菜单后才能看到全部的选项。列表可以显示一定数量的选项,如果超出这个数量,会自动出现滚动条,浏览者可以通过拖动滚动条查看所有选项。

例如:

```
<select>
  <option name="0" size="0" value="0" multiple="multiple" >0</option>
</select>
```

以上代码说明:属性name表示选择域的名称;属性size表示列表的行数;属性value表示菜单选项值;属性multiple表示以菜单方式显示数据,省略则以列表方式显示数据。

3. 文本域标记<textarea>

文本域标记<textarea>用于提供一个多行的文本域,可以在其中输入多行的文本。

例如:

```
<textarea name="test" cols="30" rows="10"></textarea>
```

该行代码说明:属性name表示文本域的名称;属性rows表示文本域的行数;属性cols表示文本域的列数(这里的rows和cols以字符为单位)。

7.2 在普通的Web页中插入表单

在普通的Web页面中插入表单，可将表单中的元素和属性全部都展示出来。下面的示例将给出一个比较完整的表单。

【示例7-1】 添加form表单。

首先在HTML的<body></body>标记中添加一个<form>表单元素，然后在<form>表单中添加一系列的表单元素和属性。另外，在表单的标记中还增加了一些CSS的样式，代码如下：

示例 7-1

```
<!DOCTYPE html>
<html lang="en">
<head>
  <meta charset="UTF-8"> <!--编码设置为UTF-8格式-->
  <title>Document</title>
</head>
<body>
<form action="index.php" method="post" name="form1" enctype="multipart/form-data">
<!--创建一个form表单，通过post方式传值-->
  <table width="400px" border="1" cellpadding="1" bgcolor="#999999">
<!--创建一个表格，宽为400px，边框为1px，间距为1px，背景色为黄色-->
    <tr bgcolor="#FFCC33">
    <td width="103" height="25" align="right">姓名：</td>
    <td height="25">
      <input name="user" type="text" id="user" size="20" maxlength="100">
    </td>
  </tr>
  <tr bgcolor="#FFCC33">
    <td height="25" align="right">性别：</td>
    <td height="25" colspan="2" align="left">
        <input name="sex" type="radio" value="男" checked>男
        <input name="sex" type="radio" value="女" >女
     </td>
  </tr>
  <tr bgcolor="#FFCC33">
    <td width="103" height="25" align="right">密码：</td>
    <td width="289" height="25" colspan="2" align="left">
        <input name="pwd" type="password" id="pwd" size="20" maxlength="100">
    </td>
  </tr>
  <tr bgcolor="#FFCC33">
    <td height="25" align="right">学历：</td>
```

```html
    <td height="25" colspan="2" align="left">
      <select name="select">
        <option value="专科">专科</option>
        <option value="本科" selected>本科</option>
        <option value="高中">高中</option>
      </select>
    </td>
  </tr>
  <tr bgcolor="#FFCC33">
    <td height="25" align="right">爱好：</td>
    <td height="25" colspan="2" align="left">
      <input name="fond[]" type="checkbox" id="fond[]" value="音乐">音乐
      <input name="fond[]" type="checkbox" id="fond[]" value="体育">体育
      <input name="fond[]" type="checkbox" id="fond[]" value="美术">美术
    </td>
  </tr>
  <tr bgcolor="#FFCC33">
    <td height="25" align="right">照片上传：</td>
    <td height="25" colspan="2">
      <input name="image" type="file" id="image" size="20" maxlength="100">
<!--设置文件上传按钮 -->
    </td>
  </tr>
  <tr bgcolor="#FFCC33">
    <td height="25" align="right">个人简介：</td>
    <td height="25" colspan="2">
      <textarea name="intro" cols="30" rows="10" id="intro"></textarea>
<!--设置文本域 -->
    </td>
  </tr>
  <tr align="center" bgcolor="#FFCC33">
    <td height="25" colspan="3">
      <input type="submit" name="submit" value="提交">
      <input type="reset" name="reset" value="重置">
    </td>
  </tr>
 </table>
</form>
</body>
</html>
```

程序运行结果如图7-1所示。

图 7-1 【示例 7-1】运行结果

该表单中包含了以下几种常用的表单元素：单行文本框、多行文本框、单选按钮（radio）、多选按钮（checkbox）和多选菜单。

表单中enctype="multipart/form-data"用于设置表单的MIME编码。默认情况下，这个编码格式的设置是"application/x-www-form-urlencoded"，此时不能上传文件；只有设置为"multipart/form-data"才能完整地传递文件数据。enctype="multipart/form-data"，如果是这种设置，网页是上传二进制数据，表单里面的<input>域的值也是以二进制的方式传递的。

maxlength属性是与文本框、密码文本框相关联的属性，它用于限制用户输入文本的最大长度。

列表框是列表菜单，它的命名属性下都有自己的值供选择。selected是一个特定的属性选择元素，如果某个option选项附加有该属性，在显示时就把该项列为第1项显示。

intro文本框是多行文本域，内容按照rows和cols的设置显示文字的行数和列宽。

checked属性用于单选按钮和多选按钮中的某个值，是指定默认的选择项。

7.3 提交表单数据的两种方法

通过HTML表单提交信息到服务器有两种方式：POST方式和GET方式。GET和POST方式的区别如下：

- 应用POST方式传递数据时，对于用户而言是保密的，从HTTP来看，数据附加于header的头信息中，用户不能随意修改，这对于应用程序而言，安全性高得多，而且使用POST方法向Web服务器发送数据量的方式不受限制。

- GET方式是在访问URL时使用浏览器地址栏传递值，GET方式方便直观，但缺点是访问该网站的用户可以对传递的参数进行修改。GET方式传递的字符串长度有一定的限制，不能超过250个字符，如果超长，浏览器会自动截去，这样会导致数据丢失或程序运行出错。另外，GET方式不支持ASCII字符之外的任何字符，如果包含有汉字或其他非ASCII字符时，需要应用PHP的内置函数将参数值转换成其他编码格式进行传递。

■7.3.1 应用POST方式提交表单

POST方式不依赖于URL，提交的数据不会显示在地址栏中。它直接通过后台将数据传递到服务器，用户在客户端看不到这一过程。因此，POST方式的安全性相对于GET方式要高得多。所以，POST方式比较适合发送保密的（如信用卡号）或者数据量较大的数据到服务器。

【示例7-2】通过POST方式提交表单数据。

通过POST方式提交表单数据给PHP文件，代码如下：

示例 7-2
```
<body>
  <form name="example" method="post" action="success.php">
    姓名：<input type="text" name="name"/><br/>
    密码：<input type="password" name="password"/>
    <input type="submit" value="提交"/>
  </form>
</body>
```

■7.3.2 应用GET方式提交表单

GET方式是<form>表单中method属性的默认方式。使用GET方式提交的表单数据会被附加到URL上，作为URL的一部分发送到服务器端。

【示例7-3】通过GET方法提交表单数据。

通过GET方法提交表单数据给PHP文件，代码如下：

示例 7-3
```
<body>
  <form name="example" method="get" action="success.php">
    姓名：<input type="text" name="name"/> <br/>
    密码：<input type="password" name="password"/>
    <input type="submit" value="提交"/>
  </form>
</body>
```

在实际开发过程中，应根据实际需求灵活选择POST方式或GET方式来提交表单数据。

7.4 PHP参数传递的常用方法

PHP接收通过HTML表单提交的信息时，会将提交的数据保存在全局数组中，程序员可以通过调用系统特定的自动全局变量数组获取这些值。

PHP参数传递的常用方法有3种：$_POST[]、$_GET[]和$_SESSION[]，它们分别用于获取表单、URL和Session变量的值。

■7.4.1 $_POST[]全局变量

使用PHP的$_POST[]预定义变量可以获取表单元素的值，其语法格式为：

$_POST[name]

【示例7-4】创建一个表单。

创建一个表单，设置action属性为form.php，设置method属性为POST，并在表单中添加一个文本框，命名为"user"，代码如下：

示例 7-4

```html
<!DOCTYPE html>
<html lang="en">
<head>
  <meta charset="UTF-8">
  <title>form</title>
</head>
<body>
<form action="form.php" method="post" name="form1">
    <input type="text" name="user" />
    <input type="submit" name="submit" value="提交" />
</form>
</body>
</html>
```

说明：表单内的属性action用于指定此表单内容传递到哪个页面，而method属性则指明了传递的方式。

【示例7-5】用$_POST[]获取表单元素。

使用$_POST[]获取表单元素，然后将其输出，代码如下：

示例 7-5

```php
<?php
  $user = $_POST['user'];    //应用$_POST[]全局变量获取表单元素中文本框的值
  echo $user;
?>
```

说明：在某些PHP版本中直接写$user就能够调用表单元素的值，这与php.ini的设置有关系。在php.ini文件中检索到"register_globals=ON/OFF"这行代码，如果等号右边为"ON"，就可以直接写成$user，反之则不可以。虽然直接应用表单名称是十分方便的，但是存在一定的安全隐患，因此，建议在php.ini文件中还是使用"register_globals=OFF"更安全。

7.4.2 $_GET[]全局变量

PHP使用$_GET[]全局变量可以获取通过GET()方法提交的表单元素的值。$_GET[]全局变量的用法格式为：

$_GET[name]

说明：预定义的$_GET[]变量用于收集来自method="get"的表单中的值。从带有GET方法的表单发送的信息，对任何人都是可见的（会显示在浏览器的地址栏），并且对发送信息的长度有限制。

【示例7-6】 创建一个表单。

创建一个表单，设置action属性为index.php，设置method属性为GET，并在表单中添加一个文本框，命名为"user"，代码如下：

示例 7-6

```
<!DOCTYPE html>
<html lang="en">
<head>
    <meta charset="UTF-8">
    <title>form</title>
</head>
<body>
    <form action="index.php" method="get" name="form1">
    <input type="text" name="user" />
    <input type="submit" name="submit" value="提交" />
    </form>
</body>
</html>
```

说明：表单内的action属性用于指定此表单内容传递到哪个页面，而method属性则指明了传递的方式。获取此表单中的元素并显示出来，代码如下：

```
$user = $_GET['user']; //应用$_GET[]全局变量获取表单元素中文本框的值
echo $user;
```

> **提示**：PHP可以应用$_POST[]或者$_GET[]全局变量获取表单元素的值。但值得注意的是，获取的表单元素名称区别字母的大小写。如果在编写Web程序时疏忽了字母的大小写，那么在程序运行时可能会获取不到表单元素的值或者弹出错误提示。

7.4.3 $_SESSION[]变量

使用$_SESSION[]变量可以获取表单元素的值,其用法格式为:

$_SESSION[name]

【示例7-7】用$_SESSION[]变量获取值。

创建一个表单,在表单中添加一个文本框,命名为"user",用$_SESSION[]变量获取表单元素,代码如下:

示例 7-7

```php
<?php
$user = $_SESSION['user']
?>
```

说明:使用$_SESSION[]全局变量的方法获取变量的值,保存之后任何页面都可以使用这个变量。但这种方法很耗费系统资源,建议慎重使用。

7.5 在Web页中嵌入PHP脚本

在Web页中嵌入PHP脚本的方法有两种:一种是直接在HTML标记中添加PHP脚本标记符"<?php"和"?>",在此标记符中写入PHP脚本;另一种是对表单元素的value属性进行赋值。

1. 直接添加标记符

在Web编码过程中,通过在HTML标记中添加PHP脚本标记"<?php"和"?>"来嵌入PHP脚本,在这两个标记之间的所有文本都会被解释为PHP语言,而此标记之外的任何文本都会被认为是普通的HTML脚本。

2. 为表单赋值

在Web程序开发过程中,为了使表单元素在运行时有默认值,通常需要对表单元素的value属性赋值。

【示例7-8】对表单元素的value属性赋值。

定义一个变量$hidden,并对表单元素的value属性赋值,代码如下:

示例 7-8

```php
<?php
$hidden= "a";//为变量$hidden赋值
?>
<input type="hidden" name="ID" value="<?php echo $hidden;?>">
```

7.6 在PHP中获取表单数据

【示例7-9】 获取表单数据。

对表单提交的数据进行处理，再把表单中输入的各种提交的数据输出到当前页面，代码如下：

示例 7-9

```php
<?php
if($_POST['submit']!= ""){        //判断是否提交了表单
  echo "您的个人简历为："'.<br>';
  echo "姓名： ".$_POST['user'].'<br>';    //输出用户名
  echo "性别： ".$_POST['sex'].'<br>';     //输出性别
  echo "密码： ".$_POST['pwd'].'<br>';     //输出密码
  echo "学历： ".$_POST['select'].'<br>';  //输出学历
  echo "爱好： ";
  for($i=0;$i<count($_POST["fond"]);$i++){ //获取爱好的复选框的值
    echo $_POST["fond"][$i].' ';
  }
  echo "<br>";
  $path = './upfiles/'.$_FILES['image']['name'];  // 指定上传的路径和文件名
  //move_uploaded_file($_FILES['image']['img_name'],$path);  //上传文件
  echo "照片： "."$path".'<br>';    //输出个人照片的路径
  echo "个人简介： ".$_POST['intro'];   //输出个人简介的内容
}
?>
```

7.7 对URL传递的参数进行编/解码

URL编码是一种浏览器用来打包表单输入数据的格式，对传递的参数起到了隐藏的作用。

■7.7.1 对URL传递的参数进行编码

使用URL传递参数数据，就是在URL地址后面加上适当的参数，利用URL对这些参数进行处理。用URL传递参数的语法格式为：

```
http://url?name1=value1&name2=value2
```

显而易见，这种方法会把参数暴露出来，安全系数较低。因此，针对该问题讲解一种URL的编码方式，以对URL传递的参数进行编码。URL编码是一种浏览器用来打包表单输入数据的格式，是对用地址栏传递参数进行的一种编码。例如，在参数中带有空格，直接用URL传递参数时会发生错误，而用URL编码后，空格会转换成"%20"，这样错误就不会发生了。

在PHP中对查询字符串进行URL编码，可以通过urlencode()函数实现，其语法格式为：

urlencode(string)

【示例7-10】 对字符串string进行URL编码。

应用urlencode()函数对URL传递的参数值进行编码，显示的字符串是URL编码后的字符串，实现的代码如下：

示例 7-10
```php
<?php
$url = urlencode('学习PHP '); //对"学习PHP"这几个字进行编码
echo "index.php?id=".$url;
?>
```

程序运行结果如图7-2所示。

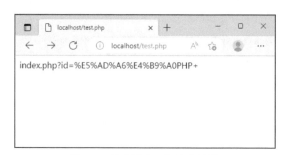

图 7-2 【示例 7-10】运行结果

对于服务器而言，编码前后的字符串并没有什么区别，服务器能够自动识别。这里的示例主要是为了讲解URL编码的使用方法。在实际应用中，对一些非保密性的参数不需要进行编码，是否采用URL编码可根据实际情况而定。

7.7.2 对URL传递的参数进行解码

对于URL传递的参数，直接使用$_GET[]变量即可获取，而对于进行过URL加密的查询字符串，则需要通过urldecode()函数对获取后的字符串进行解码。

urldecode()函数的语法格式为：

urldecode(string)

【示例7-10】中利用urlencode()函数把"学习PHP"进行编码后，echo语句中要显示的内容变为：

index.php?id=%E5%AD%A6%E4%B9%A0PHP

【示例7-11】用urlencode()函数对获取的编码进行解码。

应用urlencode()函数对获取的编码进行解码，将解码后的结果输出，代码如下：

示例 7-11
```php
<?php
$url = urldecode("index.php?id=%E5%AD%A6%E4%B9%A0PHP"); // 把编码还原
echo $url;
?>
```

程序运行结果如图7-3所示。

图 7-3 【示例 7-11】运行结果

由运行结果可以清楚地看出，urldecode()函数把urlencode()函数编码后的字符串进行了还原。

课后作业

（1）创建一个表单，并添加一些常用的元素。
（2）通过POST方式提交表单数据。
（3）应用urldecode()函数对获取的编码进行解码，并将解码后的结果输出来。

第8章 日期和时间

内容概要

日期时间函数库是PHP内置函数库,可以通过日期时间函数库获得服务器日期时间的相关内容。在国际无线电通信领域,使用一个统一的时间,称为国际协调时间——UTC(universal time coordination,也称世界协调时、世界标准时间),与格林尼治标准时间(Greenwich mean time,GMT)相同。PHP中默认设置的是格林尼治标准时间,即采用零时区。因此,要获取本地当前时间必须更改PHP语言中的时区设置。

数字资源

【本章实例源代码来源】:"源代码\第8章"目录下

8.1 系统时区设置

全球分为24个时区，每个时区都有自己的本地时间，同一时间内各时区的本地时间相差1~23 h，如英国伦敦本地时间与北京本地时间相差8 h。在国际无线电通信领域，使用一个统一的时间，该时间称为协调世界时，也称国际协调时间或世界标准时间，简称UTC，UTC与格林尼治标准时间（GMT）相同。

8.1.1 时区划分

地球总是自西向东自转，东边总比西边先看到太阳，东边的时间也总比西边的早。东边时刻与西边时刻的差值不仅要以时计，而且还要以分和秒来计算，这给人们的日常生活和工作都带来许多不便。

为了克服时间上的混乱，1884年在华盛顿召开的一次国际经度会议上，规定将全球划分为24个时区，它们是中时区（零时区）、东1~12区和西1~12区。每个时区横跨经度15度，时间正好是1 h。最后的东、西第12区各跨经度7.5度，以东、西经180度为界。每个时区的中央经线上的时间就是这个时区内统一采用的时间，称为区时。相邻两个时区的时间相差1 h。例如，我国东8区的时间总比泰国东7区的时间早1 h，而比日本东9区的时间晚1 h。因此，出国旅行的人，必须随时调整自己的手表，才能和当地时间相一致。凡向西走，每过1个时区，就要把表拨慢1 h；凡向东走，每过1个时区，就要把表拨快1 h。

实际中，世界上不少国家和地区都不严格按时区来计算时间。为了在全国范围内采用统一的时间，一般都把某一个时区的时间作为全国统一采用的时间。例如，我国把首都北京所在的东8区的时间作为全国统一的时间，称为北京时间。又如英国、法国、荷兰和比利时等国，虽地处中时区，但为了和欧洲大多数国家时间相一致，所以采用东1区的时间。

中国跨越以下5个时区。

(1) 中原时区：以东经120度为中央子午线。

(2) 陇蜀时区：以东经105度为中央子午线。

(3) 新藏时区：以东经90度为中央子午线。

(4) 昆仑时区：以东经75（82.5）度为中央子午线。

(5) 长白时区：以东经135（127.5）度为中央子午线。

8.1.2 时区设置

从PHP 5及以后版本都需手动设置时区，要么修改php.ini配置文件中的设置，要么在代码里修改。

1. 修改php.ini的设置

在php.ini配置文件中找到"data.timezone ="这一行，然后设置为" data.timezone="Asia/Shanghai";"即可。

一些常用的时区标识符说明如表8-1所示。

表 8-1　时区标识符

时区标识符	地区
Asia/Shanghai	上海
Asia/Chongqing	重庆
Asia/Urumqi	乌鲁木齐
Asia/Hong_Kong	香港
Asia/Macao	澳门
Asia/Taipei	台北
Asia/Singapore	新加坡

2. 使用代码修改时区

在PHP 5及以后的版本的程序代码中可使用函数ini_set()或者date_default_timezone_set()修改时区。

8.2 PHP日期和时间函数

PHP提供了大量的日期时间函数，使开发人员在日期和时间的处理上得以游刃有余，大大提高了工作效率。本节介绍一些常用的PHP日期和时间函数及实际应用的实例。

■8.2.1　获得本地化时间戳

时间戳是使用数字签名技术产生的数据，签名的对象包括了原始文件信息、签名参数、签名时间等信息。时间戳系统用于产生和管理时间戳，对签名对象进行数字签名产生时间戳，以证明原始文件在签名时间之前已经存在。

在实际工作中经常需要用到指定某个时间。例如，需要找到昨天到今天此时此刻的注册用户，为此需要做两件事情。

（1）得到当前的时间戳。用time()函数就可以实现。

（2）如果要指定生成昨天的时间，就需要使用mktime()函数。该函数生成的时间是Unix时间戳，即是从1970年1月1日0时到现在的时间所经过的秒数。通过做一个区间判断，就可以把昨天到今天注册的用户按照时间筛选出来。

mktime()函数可以实现对一个日期时间计算得出一个本地化时间戳。该函数的语法格式为：

int mktime(int hour,int minute,int second,int month,int day,int year,int is_dst)

参数说明：

函数的参数分别表示时、分、秒、月、日、年及是否为夏令时。在使用这个函数时，需要注意所列的参数要与函数的参数含义相同。

函数将返回一个整数，该整数是Unix时间戳，如果错误则返回false。

【示例8-1】 获得本地化时间戳。

使用mktime()函数实现时间戳的功能，获取并输出2017年8月18日13时15分30秒这个时间的时间戳，代码如下：

示例 8-1

```php
<?php
echo  mktime (13,15,30,8,18,2017) ;
?>
```

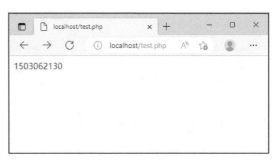

程序运行结果如图8-1所示。

图 8-1　【示例 8-1】运行结果

mktime()函数的返回结果是一个Unix时间戳，对用户的意义不大，常常需要与date()函数一起完成时间的转换才有意义。

■8.2.2　获取当前时间戳

mktime()函数在不设置任何参数的情况下可以获取当前时间的时间戳，但是PHP也提供了一个专门获取当前时间的时间戳的函数，这就是time()函数。

time()函数获取当前时间的Unix时间戳，返回值为从时间戳纪元（格林尼治时间1970年1月1日 00:00:00）到当前时间的秒数。

time()函数的语法格式为：

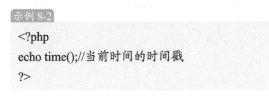

说明：time()函数没有参数，返回值为Unix时间戳的整数值。

【示例8-2】 获取当前时间的时间戳。

应用time()函数获取当前时间的时间戳，代码如下：

示例 8-2

```php
<?php
echo time();//当前时间的时间戳
?>
```

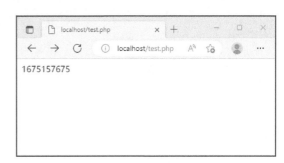

程序运行结果如图8-2所示。

图 8-2　【示例 8-2】运行结果

时间函数在网站建设中运用得非常多，如为新闻添加时间和在电子商务系统里标注下单时间，往往都需要使用这一函数。

8.2.3 获取当前日期和时间

获取时间的方法很简单，使用date()函数即可。date()函数可实现按指定格式输出当前的日期和时间，其语法格式为：

date(format, timestamp)

参数说明：
- format：时间格式。
- timestamp：时间戳，可选参数。

【示例8-3】 获取当前日期和时间。

使用date()函数获取当前日期和时间，并以指定格式输出。代码如下：

```php
<?php
  echo date("Y-m-d H:i:s");
?>
```

程序运行结果如图8-3所示。

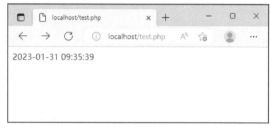

图 8-3 【示例 8-3】运行结果

【示例8-4】 使用date()函数获取当前时间。

首先使用date()函数获取当前时间并输出，然后使用mktime()函数获取当前年、月、日及指定时、分、秒的时间戳，再使用date()函数输出。最后使用mktime()函数获取当前年、月、日及指定时、分、秒的时间戳，再使用date()函数输出，但是在日期上减去30 d再输出，代码如下：

```php
<?php
echo date("Y-m-d h:i:s")."<br>";
echo date("Y-m-d h:i:s",mktime(10,15,35,date("m"),date("d"),date("Y")))."<br>";
echo date("Y-m-d h:i:s",
mktime(10,15,35,date("m"),date("d")-30,
date("Y")))."\n";
?>
```

程序运行结果如图8-4所示。

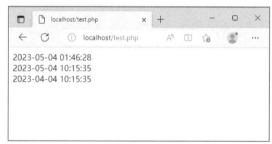

图 8-4 【示例 8-4】运行结果

8.2.4 获取日期信息

getdate()函数用于返回某个时间戳或者当前本地的日期/时间信息。

getdate()函数的语法格式为：

getdate(timestamp)

参数说明：
- timestamp：时间戳。

如果没有参数timestamp，则以当前时间为准。该函数返回带有与时间戳相关的信息的关联数组。

【示例8-5】 获取当前的日期时间信息。

使用getdate()函数获取当前日期时间并以数组的形式输出，代码如下：

示例 8-5
```
<?php
echo "<pre>";
print_r(getdate());
echo "</pre>";
?>
```

程序运行结果如图8-5所示。

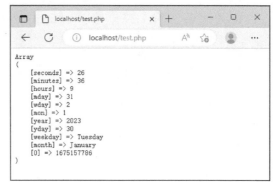

图 8-5 【示例 8-5】运行结果

由【示例8-5】的运行结果可以看出：getdate()函数返回的是带有与时间戳相关的信息的关联数组。该数组中各索引的含义如下：
- [seconds]：秒。
- [minutes]：分。
- [hours]：小时。
- [mday]：一个月中的第几天。
- [wday]：一周中的某天。
- [mon]：月。
- [year]：年。
- [yday]：一年中的某天。
- [weekday]：星期几的名称，以英文表示。
- [month]：月份的名称，以英文表示。
- [0]：自1970年1月1日零时以来经过的秒数。

8.2.5 检验日期的有效性

1年有12个月，1个月有31天或30天（2月特殊，平年2月有28天，闰年2月有29天），1个星期有7天，1天有24个小时等。但是计算机并不知道这些，它是不能自己分辨数据的对与错的，所以，只能依靠开发者提供的功能去执行或检查。在PHP中，开发者可以使用checkdate()函数进行日期检查。checkdate()函数用于检查日期的有效性，其语法格式为：

checkdate(month,day,year)

参数说明：

如果给出的日期有效则返回true，否则返回false。其中，month的有效值为1～12；day的有效值为当月的最大天数，如1月为31天、2月为29天（闰年）；year的有效值从1～32 767。

该函数用于判断时间的有效性，如果给定的值构成一个有效日期，则该函数返回值为true。对于错误日期，该函数返回值为false。在日期用于计算或保存在数据库中之前，可用此函数检查日期并使日期生效。

【示例8-6】 检验日期的有效性。

设定一个不正确的日期，然后使用checkdate()函数检查其正确与否，代码如下：

程序运行结果如图8-6所示。

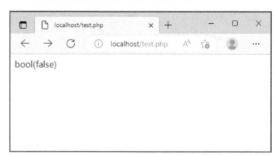

图 8-6 【示例 8-6】运行结果

■8.2.6 输出格式化的日期和时间

输出格式化的日期和时间的函数就是date()函数，此函数中的格式有多种选项，可输出多种不同格式的日期时间。date()函数中参数format的格式化选项如表8-2所示。

表 8-2 date()函数中参数format的格式化选项

选项	说明
a	"am" 或是 "pm"
A	"AM" 或是 "PM"
d	日期，两位数字。若不足两位则前面补零，如01至31
D	星期，以3个英文字母表示，如Fri
f	月份，英文全称
h	12小时制的小时
H	24小时制的小时
g	12小时制的小时，不足两位不补零
G	24小时制的小时，不足两位不补零
i	分钟
j	日期，两位数字，若不足两位不补零
I	星期，英文全称，如Friday

（续表）

选项	说明
m	月份，两位数字，若不足两位则在前面补零
n	月份，两位数字，若不足两位则不补零
M	月份，3个英文字母
s	秒
S	加英文字尾的序数，两个英文字母，如"th""nd"等
t	指定月份的天数
T	本机所在的时区的简写，如EST、MDT等
U	总秒数
w	数字型的星期
Y	年，4位数字
y	年，两位数字
z	一年中的第几天

date()函数中的format参数可以组合使用。

【示例8-7】 输出格式化的日期和时间。

使用date()函数输出日期的多种显示方法，代码如下：

示例 8-7

```
<?php
echo "输入单个变量：".date("Y")."-".date("m")."-".date("d");
echo "<p>";
echo "输出组合变量:".date("Y-m-d");
echo "<p>";
echo "输出更详细的日期及时间:".date("Y-m-d H:i:s");
echo "<p>";
echo "还可以更加详细吗？ ";
echo date("l Y-m-d H:i:s T");
echo "<p>";
echo "输出转义字符:";
echo date ("\T\h\i\s \m\o\\n\\t\h \i\s \\t\h\\e jS \o\\f \y\\e\a\\r");
?>
```

程序运行结果如图8-7所示。

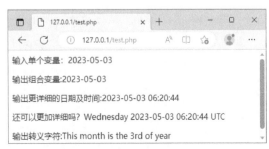

图 8-7　【示例 8-7】运行结果

8.2.7 显示本地化的日期和时间

在PHP编程过程中需要考虑时间表达方式的不同，根据不同的地区用不同方式输出时间和日期。利用setlocale()函数和strftime()函数可以设置本地化环境和格式化输出日期和时间。

1. setlocale()函数

setlocale()函数可以改变PHP默认的本地化环境，其语法格式为：

```
setlocale(constant,location)
```

参数说明：

- constant：必选参数，规定应该设置什么地区信息，可用的常量有：
  - LC_ALL：包括下面的所有选项。
  - LC_COLLATE：排序次序。
  - LC_CTYPE：字符类别及转换（如所有字符大写或小写）。
  - LC_MESSAGES：系统消息格式。
  - LC_MONETARY：货币格式。
  - LC_NUMERIC：数字格式。
  - LC_TIME：日期和时间格式。
- location：必选参数，规定国家/地区信息的设置。可以是字符串或者数组，也可以传递多个位置。
  - 如果location参数是null或空字符串（""），则位置名称会被constant参数中同名的环境变量的值或者根据配置文件中设置的语言进行设置。
  - 如果location参数是"0"，则位置设置不受影响，只返回当前的设置。
  - 如果location参数是数组，setlocale()会尝试每个数组元素，直到找到合法的语言或地区代码为止。如果某个地区在不同的系统上拥有不同的名称，用这种形式的参数就会很有用。

该函数返回当前地区的设置，如果失败则返回false。返回值取决于运行PHP的系统。

2. strftime()函数

strftime()函数用于根据本地化环境来格式化输出日期和时间，其语法格式为：

```
string strftime(string format[,int timestamp])
```

参数说明：

- format：必选参数，规定返回结果的格式，可使用的格式如表8-3所示。

表8-3 format参数识别的转换标记

选项	说明
%a	当前区域星期几的简写
%A	当前区域星期几的全称
%b	当前区域月份的简写

(续表)

选项	说明
%B	当前区域月份的全称
%c	当前区域首选的日期时间表达
%C	世纪值（范围从00到99）
%d	月份中的第几天，十进制数字（范围从01到31）
%D	和 %m/%d/%y 一样
%e	月份中的第几天，十进制数字，一位的数字前会加上一个空格（范围从1到31）
%g	和%G一样，但是没有世纪
%G	与ISO星期数（参见%V）对应的4位数年份
%h	和%b一样
%H	24小时制的十进制小时数（范围从00到23）
%I	12小时制的十进制小时数（范围从00到12）
%j	年份中的第几天，十进制数（范围从001到366）
%m	十进制月份（范围从01到12）
%M	十进制分钟数
%n	换行符
%p	根据给定的时间值确定是am还是pm，或者当前区域设置中的相应字符串
%r	用a.m.和p.m.符号标记的时间
%R	24小时制的时间
%S	十进制秒数
%t	制表符
%T	当前时间，和 %H:%M:%S 一样
%u	星期几的十进制数表达 [1,7]，1 表示星期一
%U	本年的第几周，从第1周的第1个星期天作为第1天开始
%V	本年第几周，以ISO 8601:1988 格式表示，范围从01到53。第1周是指本年的第1周，这周至少要有4 d，且以星期一作为每周的第1天（用%G或者%g作为指定时间戳相应周数的年份组成）
%W	本年的第几周数，从第1周的第1个星期一作为第1天开始
%w	以十进制数表示是星期中的第几天（星期天为0）
%x	当前区域首选的日期表示法，不包括时间
%X	当前区域首选的时间表示法，不包括日期
%y	没有世纪数的十进制年份（范围从00到99）
%Y	包括世纪数的十进制年份
%Z 或 %z	时区名或缩写
%%	输出一个%字符

- timestamp：可选参数，规定需要格式化的日期/时间的Unix时间戳。默认为当前时间（time()）。

该函数返回给定的timestamp按format格式化后的字符串。月份和星期几的名称和其他语言相关的字符串遵守setlocale()中的当前区域设置。如果没有给出时间戳则用本地时间。

【示例8-8】显示本地化的日期和时间。

使用setlocale()和strftime()函数输出本地化时间、日期，代码如下：

示例 8-8
```php
<?php
setlocale(LC_ALL,"en_US");
echo "美国格式： ".strftime("Today is %A");
echo "<p>";
setlocale(LC_ALL,"chs.utf-8");
echo "中国格式： ".strftime("今天是 %A");
echo "<p>";
echo "简体中文的月份： ".strftime("这个月是%B");
?>
```

程序运行结果如图8-8所示。

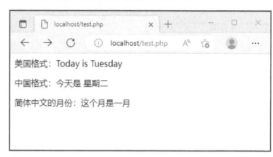

图 8-8　【示例 8-8】运行结果

■8.2.8　将日期和时间解析为Unix时间戳

在PHP中，strtotime()函数可以将英文文本的日期或时间描述解析为Unix时间戳，其语法格式为：

strtotime(time,now)

参数说明：

- time：必选参数，表示日期/时间字符串。
- now：可选参数，表示用来计算返回值的时间戳。如果省略该参数，则使用当前时间。

> 提示：如果年份表示使用两位数格式，则值0～69会映射为2000～2069，值70～100会映射为1970～2000。

【示例8-9】将日期和时间解析为Unix时间戳。

将英文文本的日期时间解析为Unix时间戳，还可以进行指定时间、加减时间等操作，代码如下：

示例 8-9
```php
<?php
echo(strtotime("now") . "<br>");
echo(strtotime("15 October 1980") . "<br>");
echo(strtotime("+5 hours") . "<br>");
echo(strtotime("+1 week") . "<br>");
echo(strtotime("+1 week 3 days 7 hours 5 seconds") . "<br>");
echo(strtotime("next Monday") . "<br>");
echo(strtotime("last Sunday"));
?>
```

程序运行结果如图8-9所示。

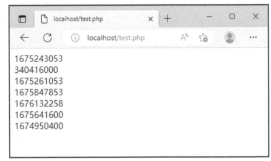

图 8-9 【示例 8-9】运行结果

8.3 日期和时间的应用

日期时间函数库是PHP的内置函数库，可以通过日期时间函数库获得与服务器的日期时间相关的内容。

8.3.1 比较两个时间的大小

在PHP开发中，经常会遇到比较两个时间的大小之类的问题。但是，在PHP中，两个时间是不可以直接进行比较的，因为时间是由年、月、日、时、分、秒组成的。如果需要将两个时间进行比较，则首先应将时间解析为时间戳的格式，即利用strtotime()函数将日期和时间解析为Unix时间戳，只有将时间转化为时间戳的格式，才能够进行比较。例如，现在有两个时间：

2022-1-2

2023-1-2

要比较这两个时间的大小，首先要使用strtotime()函数将这两个时间转化为时间戳，然后再比较这两个时间戳的大小，就能判断两个时间的大小了。

```
strtotime("2022-1-2")
strtotime("2023-1-2")
```

【示例8-10】比较两个时间的大小。

定义两个时间变量，然后用strtotime()函数将两个变量转换成时间戳形式并进行比较，代码如下：

示例 8-10
```php
<?php
header("Content-type:text/html;charset=utf-8"); //设置编码
$time1 = date("Y-m-d H:i:s"); //获取当前时间
$time2 = "2023-01-01 12:30:00"; //给变量$time2设置一个时间
echo "变量\$time1的时间为： " . $time1 . "<br/>"; //输出$time1的时间
```

```
echo "变量\$time2的时间为： " . $time2 . "<br/>"; //输出$time2的时间
if (strtotime($time1) - strtotime($time2) < 0) { //对两个时间戳进行差运算
        echo "\$time1早于\$time2"; //time1-time2<0，说明time1的时间在前
} else {
        echo "\$time2早于\$time1"; //否则，说明time2的时间在前
}
?>
```

程序运行结果如图8-10所示。

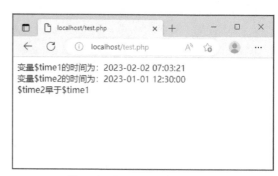

图 8-10　【示例 8-10】运行结果

8.3.2　实现倒计时功能

倒计时功能在日常生活中的应用随处可见，如商品的秒杀活动、考试系统等都是使用倒计时功能的典型应用。

【示例8-11】实现倒计时功能。

实现倒计时功能的代码如下：

示例 8-11

```
<?php
date_default_timezone_set('Asia/Hong_Kong');
$startDate = '2023-1-20';
$endDate = '2023-2-20';
// 将日期转换为Unix时间戳
$startDateStr = strtotime($startDate);
$endtDateStr = strtotime($endDate);
$total = $endtDateStr-$startDateStr;
$now = strtotime(date('Y-m-d'));
$remain = $endtDateStr-$now;
echo '为期： '.$total/(3600*24).'天<br>';
echo '剩余： '.$remain/(3600*24).'天';
?>
```

程序运行结果如图8-11所示。

图 8-11　【示例 8-11】运行结果

8.3.3　计算页面脚本的运行时间

　　计算PHP脚本执行时间会用到microtime()函数。众所周知，PHP中大多数的时间格式都是以Unix时间戳表示的，而Unix时间戳是以s（秒）为最小的计量时间单位。这对某些应用程序来说不够精确，所以需要使用更精确的时间函数microtime()，该函数返回当前Unix时间戳和微秒数。

　　microtime()函数的语法格式为：

mixed microtime([bool get_as_float])

　　说明：

　　可以为该函数提供一个可选的布尔型参数，如果在调用时不提供这个参数，本函数以"msec sec"的格式返回一个字符串，其中，sec是自Unix纪元到现在的秒数，而msec是微秒部分，字符串的两部分都是以秒为单位返回的。如果给出了get_as_float参数并且其值等价于true，microtime()将返回一个浮点数。在小数点前面还是以时间戳格式表示，而小数点后面则表示微秒的值。需要注意的是，参数get_as_float是在PHP 5.0版本中新加的，所以，在PHP 5以前的版本中是不能直接使用该参数的。

　　【示例8-12】计算页面脚本的运行时间。

　　通过两次调用microtime()函数，计算运行PHP脚本所需要的时间。代码如下：

示例 8-12

```
<?php
//定义一个计算脚本运行时间的类
class Timer {
    private $startTime = 0; //保存脚本开始执行时的时间（以微秒的形式保存）
    private $stopTime = 0; //保存脚本结束执行时的时间（以微秒的形式保存）
    //在脚本开始处调用以获取脚本开始时间的微秒值
    function start() {
        $this->startTime = microtime(true); //将获取的时间赋值给成员属性$startTime
    }
    //在脚本结束处调用以获取脚本结束时间的微秒值
```

```
    function stop() {
        $this->stopTime = microtime(true);  //将获取的时间赋给成员属性$stopTime
    }
    //返回同一脚本中两次获取的时间的差值
    function spent() {
        //计算后四舍五入保留4位返回
        return round(($this->stopTime - $this->startTime), 4);
    }
}
$timer = new Timer();
$timer->start(); //在脚本文件开始执行时调用此方法
usleep(1000); //脚本的主题内容，这里以休眠1 ms为例
$timer->stop(); //在脚本文件结束处调用此方法
echo "执行该脚本用时<b>" . $timer->spent() . "</b>";
?>
```

程序运行结果如图8-12所示。

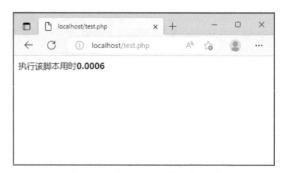

图 8-12 【示例 8-12】运行结果

在以上脚本中，声明一个用于计算脚本执行时间的类Timer，需要在脚本执行开始的位置调用该类中的start()方法，获取脚本开始执行时的时间，并在脚本执行结束的位置调用该类中的stop()方法，获取脚本运行结束时的时间；再通过访问该类中的spent()方法，就可以获取运行脚本所需的时间了。

课后作业

（1）使用date()函数和mktime()函数获取当前时间。
（2）定义两个时间变量，然后用strtotime()函数将两个变量转换成时间戳形式并进行比较。

第 9 章 Cookie 与 Session

内容概要

本章详细介绍 Cookie 与 Session 的使用方法与技巧，以便读者能更深入地理解 Cookie 和 Session 的作用与功能，这是从事 PHP 开发工作必须掌握的知识。

数字资源

【本章实例源代码来源】："源代码\第9章"目录下

9.1 Cookie管理

Cookie是服务器留在用户计算机中的小文件，常用于识别用户。每当计算机通过浏览器请求页面时，它同时会发送本机的Cookie。在PHP中能够创建并取回Cookie的值。

■9.1.1 了解Cookie

Cookie是在HTTP协议下，服务器或脚本用于维护客户工作站信息的一种方式。Cookie是由Web服务器保存在用户浏览器（客户端）上的小文本文件，它可以包含用户的有关信息。无论何时用户连接到服务器，Web站点都可以访问Cookie信息。

Cookie分为临时和持续两种。临时的Cookie只在浏览器上保存一段规定的时间，一旦超过规定的时间，该Cookie就会被系统清除。而持续的Cookie则保存在用户的Cookie文件中，下一次用户返回时，仍然可以对它进行调用。

如果Cookie不设定失效时间，只要关闭浏览器，Cookie就会自动消失。这种Cookie被称为会话Cookie，一般不保存在硬盘上，而是保存在内存中。如果设置了失效时间，那么浏览器会把Cookie保存到硬盘中，再次打开浏览器时会依然有效，直到其有效期到期。虽然Cookie可以长期保存在客户端浏览器中，但也不会一直保存下去。因为浏览器最多允许存储300个Cookie文件，而且每个Cookie文件支持的最大容量为4 KB；每个域名最多支持保存20个Cookie，如果达到限制时，浏览器会自动随机删除Cookie文件。

■9.1.2 创建Cookie

用户可以通过setcookie()函数创建Cookie。Cookie是HTTP标头的组成部分，而标头必须在页面其他内容之前发送，因此它必须最先输出。即使是空格或者空行，都不能在调用setcookie()函数之前输出。若在setcookie()函数前输出一个HTML标记或者是echo语句输出，即使输出一个空行都会导致程序出错。

setcookie()函数用于定义一个和其余的HTTP标头一起发送的Cookie，它的所有参数对应的是HTTP标头Cookie的属性。

setcookie()的语法格式为：

setcookie(name,value,expire,path,domain,secure)

语法说明：

参数中除了name是必选的，其他参数均是非必选的。实际编程中经常使用的有name、value和expire 3个参数。

【示例9-1】创建Cookie。

创建名为"user"的Cookie，为它赋值"Alex Porter"。规定此Cookie在1 h后过期，代码如下：

示例 9-1
```php
<?php
setcookie("user", "Alex Porter", time()+3600);
?>
```

> **提示**：在发送Cookie时，Cookie的值会自动进行URL编码，在取回时进行自动解码。为防止URL编码，可使用setrawcookie()取而代之。

9.1.3 读取Cookie

$_COOKIE变量用于取回Cookie的值。

【示例9-2】取回Cookie的值。

取回名为"user"的Cookie的值，并把它显示在页面上，代码如下：

示例 9-2
```php
<?php
echo $_COOKIE["user"];
print_r($_COOKIE);
?>
```

isset()函数用于检测变量是否已经设置。使用isset()函数可确认是否已设置了Cookie。

isset()函数的语法格式为：

bool isset(mixed var [, mixed var [, …]])

【示例9-3】检测变量是否设置。

如果Cookie中的"user"已设置了用户名，则显示Welcome+用户名，否则显示"Welcome guest!"，代码如下：

示例 9-3
```php
<html>
<body>
<?php
    if (isset($_COOKIE["user"]))
        echo "Welcome " . $_COOKIE["user"] . "!<br />";
    else
        echo "Welcome guest!<br />";
?>
</body>
</html>
```

9.1.4 删除Cookie

当Cookie被创建时，如果没有设置它的有效时间，则Cookie文件会在关闭浏览器时自动被删除。如果要在关闭浏览器之前删除保存在客户端的Cookie文件，其方法有两种，而这两种方法都和设置Cookie一样，也都是调用setcookie()函数实现的。

方法一：仅仅使用setcookie()函数的第1个参数name（名称参数），省略其他参数列，用于删除指定名称的Cookie信息。

方法二：利用setcookie()函数把目标Cookie设置为"已经过期"的状态。删除Cookie只需要将setcookie()函数中的第2个参数设置为空值，第3个参数（Cookie的失效时间）设置为小于系统的当前时间即可。

【示例9-4】删除Cookie。

将Cookie的失效时间设置为当前时间减1 s，即可使Cookie失效，代码如下：

示例 9-4

```php
<?php
setcookie("Cookie_name", "" , time()-1);
?>
```

在上面的代码中，time()函数返回以秒表示的当前的时间戳，把当前时间减1 s就会得到过去的时间，从而删除Cookie。

使用setcookie()函数把Cookie的生存时间默认设置为空，则生存期限与浏览器一样，浏览器关闭时Cookie就会被删除。只指定Cookie识别名称这一个参数，即删除客户端中这个指定名称的Cookie资料。

【示例9-5】使用setcookie()函数删除Cookie。

setcookie()函数设置时指定Cookie名称而不带其他任何参数，即删除此名称的Cookie，代码如下：

示例 9-5

```php
<?php
setcookie("Cookie_name");
?>
```

> 提示：把失效时间设置为0，也可以直接删除Cookie。

9.2 Session管理

PHP中的Session变量用于存储有关用户会话的信息，或更改用户会话的设置。Session变量保存的信息是单一用户的，并且可供应用程序中的所有页面使用。

9.2.1 了解Session

Session一般翻译成"时域"。在计算机专业术语中，Session是指一个终端用户与交互系统进行通信的时间间隔，通常指从注册进入系统到注销退出系统之间所经过的时间。如果需要的话，可能还有一定的操作空间。Web中的Session是指用户在浏览某个网站时，从进入网站到关闭浏览器所经过的这段时间，也就是用户浏览这个网站所花费的时间。因此，从上述的定义中可以知道，Session实际上是一个特定的时间概念。

Session的工作原理如下所述。

（1）当一个Session第1次被启用时，一个唯一的标识被存储于本地的Cookie中。

（2）使用Session_start()函数，PHP从Session仓库中加载已经存储的Session变量。

（3）当执行PHP脚本时，通过使用Session_register()函数注册Session变量。

（4）当PHP脚本执行结束时，未被销毁的Session变量会被自动保存在本地一定路径下的Session库中，这个路径可以通过php.ini文件中的Session.save_path指定，下次浏览网页时可以加载使用。

9.2.2 创建会话

当用户向Web服务器发出请求时，服务器首先会检查请求中是否已经包含了一个Session ID。如果包含，说明之前已经为此用户创建过Session，服务器则按该ID把Session检索出来使用。如果客户端请求不包含Session ID，则为该用户创建一个Session，并且生成一个与之相关联的Session ID并保存。

1. 创建会话

用户向Web服务器发出请求时，必须首先使用Session_start()函数来启动新会话或者重用现有会话，成功开始会话返回true，反之返回false。

创建会话的语法格式为：

bool Session_start ([array $options = []])

Session在调用Session_start()函数时会生成一个唯一的Session ID，该Session ID需要保存在客户端的Cookie中，和SetCookie()函数一样，调用之前不能有任何输出，即使是输出空格或空行也不行。

如果已经开启过Session，再次调用Session_start()函数时，不会再创建新的Session ID。因为当用户再次访问服务器时，该函数会通过从客户端携带过来的Session ID返回已经存在的Session，所以在会话期间，同一个用户在访问服务器上任何一个页面时，都是使用同一个Session ID。

【示例9-6】创建Session会话。

先初始化Session，然后设置Session下的name值为"zhangsan"，代码如下：

示例 9-6
```php
<?php
Session_start(); // 初始化Session
$_SESSION['name'] = "zhangsan"; //保存某个Session信息
?>
```

> 提示：使用Session_start()方法会在服务器端建立一个同名的Session文件（文本文件）。

如果不想在每个脚本都使用Session_start()函数来开启Session，可以在php.ini里设置"Session.auto_start=1"，这样就无须每次使用Session之前都要调用Session_start()函数了。但启用该选项也有一些限制，即不能将对象放入Session中，因为类定义必须在启动Session之前加载。所以不建议通过设置php.ini中的Session.auto_start属性来开启Session。

2. 读写Session

使用Session_start()方法启动Session会话后，要通过访问$_SESSION数组才能读写Session。和$_POST、$_GET、$_COOKIE类似，$_SESSION也是全局数组。

【示例9-7】读写Session。

使用$_SESSION数组将数据存入同名的Session文件中，代码如下：

示例 9-7
```php
<?php
Session_start();
$_SESSION['username'] = 'huochai';
$_SESSION['age'] = 28;
?>
```

同名Session文件可以直接使用文本编辑器打开，该文件的内容结构为：变量名|类型:长度。

3. 销毁Session

当使用完一个Session变量后，可以将其删除，当完成一个会话后，也可以将其销毁。如果用户想退出Web系统，就需要提供一个注销的功能，销毁和当前Session有关的所有资料。可以通过调用Session_destroy()函数实现结束当前会话并清空会话中的所有资源。

Session_destroy()函数的语法格式为：

```
bool Session_destroy ( void )
```

使用Session_destroy()可以销毁当前会话中的全部数据，删除同名的Session文件，但是不会重置当前会话所关联的全局变量，也不会重置会话Cookie。如果需要再次使用会话变量，必须重新调用Session_start()函数。

【示例9-8】 销毁Session。

使用Session_start()函数初始化Session，再用Session_destroy()函数销毁Session，代码如下：

```php
<?php
Session_start();
Session_destroy();
?>
```

【示例9-9】 释放Session。

使用unset()函数释放在Session中注册的单个变量，代码如下：

```php
<?php
print_r ($_SESSION);//'Array ( [username] => huochai [age] => 28 )'
unset($_SESSION['username']);
unset($_SESSION['age']);
print_r ($_SESSION);//'Array()'
?>
```

如果需要把某个用户在Session中注册的所有变量都删除，可以直接将数组变量$_SESSION赋值为一个空数组。

语法格式为：

```
$_SESSION=array();
```

默认情况下，Session是基于Cookie的，Session ID被服务器存储在客户端的Cookie中，所以在注销Session时也需要清除Cookie中保存的Session ID，这就必须借助setCookie()函数完成。在Cookie中，保存Session ID的Cookie标识名称就是Session的名称，这个名称就是在php.ini文件中通过Session.name属性指定的值。在PHP脚本中，可以通过调用Session_name()函数获取Session的名称。

【示例9-10】 使用setcookie()函数删除Cookie。

使用isset()函数判断保存在客户端Cookie中的Session ID是否存在，如果存在则使用setcookie()函数删除，代码如下：

示例 9-10

```php
<?php
if(isset($_COOKIE[Session_name()])) {
    setCookie(Session_name(),'',time()-3600);
}
?>
```

通过前面的介绍可以总结出来，Session的注销过程共需要4个步骤。

第一步：开启Session并初始化。

```php
<?php
Session_start();
```

第二步：删除Session的所有变量，也可用unset($_SESSION[xxx])逐个删除。

```php
$_SESSION = array();
```

第三步：如果使用基于Cookie的Session，使用setCooike()函数删除包含Session ID的Cookie。

```php
if (isset($_COOKIE[Session_name()])) {
    setcookie(Session_name(),"", time()-42000);
}
```

第四步：最后彻底销毁Session，删除服务器端保留Session信息的文件。

```php
Session_destroy();
?>
```

4. 自动回收

如果没有通过上述步骤销毁Session，而是直接关闭浏览器或网络中断等情况，在服务器端保存的Session文件是不会被删除的。因为在php.ini配置文件中，默认的Session.cookie_lifetime=0，表示Session ID在客户端Cookie的有效期限为直到关闭浏览器。Session ID消失了，但服务器端保存的Session文件并没有被删除。所以，没有被Session ID关联的服务器端Session文件便成为了垃圾，为此系统提供了自动清理机制。

服务器保存的Session文件都有文件修改时间。通过在php.ini配置文件中设置Session.gc_maxlifetime选项设置一个到期时间（默认为1 440 s，即24 min）。程序在所有Session文件中排查出大于24 min的文件。如果用户还在使用该文件，那么这个Session文件的修改时间就会被更新，将不会再次被排查。排查出来后，并不会立刻清理垃圾，而是根据配置文件php.ini中Session.gc_probability/Session.gc_divisor的比例决定何时清理，默认值是1/100。表示排查100次，才有一次可能会启动垃圾回收机制自动回收垃圾。这个默认值是可以修改的，但需要兼顾服务器的运行性能和存储空间。

5. 传递Session

使用Session跟踪一个用户，是通过在各个页面之间传递唯一的Session ID，并通过Session ID提取这个用户在服务器中保存的Session变量。常见的Session ID传送方法有以下两种。

- 基于Cookie的方式传递Session ID。这种方法效率更优化，但因为用户在客户端可以屏蔽Cookie而导致Cookie并不总是可以使用的。
- 通过URL参数进行传递，直接将Session ID嵌入到URL中去。

传递Session的实现通常是采用基于Cookie的方式，客户端保存的Session ID就是一个Cookie。当客户禁用Cookie时，Session ID就不能再在Cookie中保存，也就不能在页面之间传递，此时Session失效。不过PHP 5在Linux平台上可以自动检查Cookie的状态，如果客户端将它禁用，则系统会自动把Session ID附加到URL中传送。但是，Web服务器如果使用的是Windows系统，则无此功能。

（1）通过Cookie传递Session ID。

【示例9-11】通过Cookie传递Session ID。

如果客户端没有禁用Cookie，则在PHP脚本中通过Session_start()函数进行初始化后，服务器会自动发送HTTP标头将Session ID保存到客户端的Cookie中，代码如下：

示例 9-11

```
<?php
//虚拟向Cookie中设置Session ID的过程
setCookie(Session_name(),Session_id(),0,"/");
?>
```

对上述代码的说明如下：

- Session_name()函数用于返回当前Session的名称，作为Cookie的标识名称。Session名称的默认值为PHPSESSID，是在php.ini文件中由Session.name选项指定的值。也可以在调用Session_name()函数时提供参数改变当前Session的名称。
- Session_id()函数用于返回当前Session ID作为Cookie的值。也可以通过调用Session_id()函数时提供参数设定当前的Session ID。
- 参数值0（默认值）表示Session ID将在客户机的Cookie中延续到浏览器关闭。它是在php.ini配置文件中由Session.cookielifetime选项设置的值。
- 参数"/"（默认值）表示在Cookie中要设置的路径在整个域内都有效。它是在PHP配置文件php.ini中由Session.cookie.path选项设置的值。

> **提示**：如果服务器成功将Session ID保存在客户端的Cookie中，当用户再次请求服务器时，就会把Session ID发送回来。所以当在脚本中再次使用Session_start()函数时，就会根据Cookie中的Session ID返回已经存在的Session。

(2)通过URL传递Session ID。

如果客户浏览器支持Cookie，就把Session ID作为Cookie保存在浏览器中。但如果客户端禁止Cookie的使用，浏览器中就不存在作为Cookie的Session ID，因此在客户请求时就无法调用。如果调用Session_start()函数时，无法从客户端浏览器中取得作为Cookie的Session ID，就会又创建一个新的Session ID，这样就无法跟踪状态。因此，如果每次客户请求支持Session的PHP脚本，Session_start()函数在开启Session时就创建一个新的Session，这样便失去了跟踪用户状态的功能。

如果客户浏览器不支持Cookie，PHP则可以重写客户请求的URL，把Session ID添加到URL信息中。当然可以手动地在每个超链接的URL中都添加一个Session ID，但不建议使用这种方式。

【示例9-12】通过URL传递Session ID。

初始化Session，手工添加Session ID，代码如下：

```php
<?php
    Session_start();
    echo '<a href="demo.php?'.Session_name().'='.Session_id() .'">链接演示</a>';
?>
```

当服务器使用Linux系统并且选用PHP 4.2以上的版本时，若在编辑php.ini配置文件时使用了-enable-trans-sid配置选项，则在运行时选项Session.use_trans_sid会被激活，在客户端禁用Cookie时，相对URL将被自动修改为包含Session ID。如果没有做这样的配置，或者服务器使用的是Windows系统，则可以使用常量SID。该常量在会话启动时被定义，如果客户端没有发送适当的会话Cookie，则SID的格式为Session_name=Session_id，否则就为一个空字符串。因此，可以无条件地将其嵌入到URL中。

【示例9-13】定义Session。

定义Session数组，将其嵌入到URL中，代码如下：

```php
<?php
    Session_start();
    $_SESSION["usemame"]="admin";
    echo "Session ID:".Session_id()."<br>";
?>
<a href="test2.php?<?php echo SID ?>">通过URL传递Session ID</a>
```

如果服务器使用Linux系统，并配置好相应的选项，就不用手动在每个URL后面附加SID，相对URL将被自动修改为包含Session ID。但要注意，非相对的URL被假定为指向外部站点，因此不能附加SID。因为这可能是个安全隐患，会将SID泄露给不同的服务器。

9.2.3 设置Session的时间

通常情况下,Session过期时间使用的是默认设置的时间,而对于一些有特殊要求的情况,可以设置Session的过期时间。用户可以在配置文件php.ini中找到Session.gc_maxlifetime = 1440 #(即默认为1 440 s),该选项是用于设置Session保存时间的。

1. Session过期的机制

Session.gc_maxlifetime是设置Session过期时间的选项。Session过期是一个小概率的事件,分别使用Session.gc_probability和Session.gc_divisor来确定Session运行中gc的概率。Session.gc_probability和Session.gc_divisor的默认值分别为1和100,分别作为分子和分母,所以Session中gc的概率运行机会为1%。如果修改这两个值,则会降低PHP的效率。因此,这种方法是不太合适的。

因此,修改php.ini文件中的gc_maxlifetime变量就可以延长Session的过期时间了,如Session.gc_maxlifetime = 86400,然后重启Web服务。

2. Session"回收"何时发生

默认情况下,每一次PHP请求,就会有1/100的概率发生回收,所以,可以简单地理解为"每100次PHP请求就有一次回收发生"。这个概率是通过以下参数控制的。

```
#概率是gc_probability/gc_divisor
    Session.gc_probability = 1
    Session.gc_divisor = 100
```

> **提示**:如果在Session.save_path中使用别的地方保存Session,Session回收机制有可能不会自动处理过期的Session文件。这时需要定时手动(或者crontab)删除过期的Session,例如:
> cd/path/to/Sessions;find-cmin+24|xargsrm。

3. 在PHP中设置Session永不过期

设置Session永不过期属性需要打开php.ini配置文件,修改其中的3行代码。

(1)修改Session.use_cookies属性。

把此属性的值设置为1,表示利用Cookie传递Session ID。

(2)修改Session.cookie_lifetime属性。

此属性代表Session ID在客户端Cookie中储存的时间,默认是0,代表浏览器一关闭Session ID就作废。正是因为这个原因才导致PHP中的Session不能永久使用。如果把它设置为一个很大的数字(如999 999 999),便可以认为Session可以永久使用了。

(3)修改Session.gc_maxlifetime属性。

此属性用于设置Session数据在服务器端储存的时间,如果超过这个时间,那么Session数据就自动被删除了。也可以将该属性的值设置为99 999 999。然后设置一个Session变量的值,之后过段时间再来查看Session,仍然是可以看到这个Session ID的。

4. Session失效不传递

写一个PHP文件，内容为<?php phpinfo() ?>，上传到服务器以便查看服务器的参数配置。转到Session部分查看，可以看到Session.use_trans_sid参数被设置为0，如图9-1所示。

session.use_trans_sid	0	0

图 9-1 参数值显示

这个参数指定了是否启用透明SID支持，即Session是否随着URL传递。一旦这个参数被设为0，那么每个URL都会启用一个Session。这样后面的页面就无法追踪到前面一个页面的Session，即Session无法传递。两个页面在服务器端生成了两个Session文件，且无任何关联。对此问题的解决方法是在配置文件php.ini里把Session.use_trans_sid的值改成1。

【示例9-14】 验证用户操作网站的权限。

下面通过一个示例讲解如何通过用户登录页面提交用户的信息来验证用户操作网站的权限。

设计一个登录页面，添加一个form表单，使用POST方式进行参数传递，action指向的数据处理页面为default.php；添加一个用户名文本框并命名为user，添加一个密码域文本框并命名为pwd；通过submit按钮进行提交跳转，其主要的代码如【示例9-14】所示。

示例9-14

```html
<!DOCTYPE html>
<html lang="en">
<head>
  <meta charset="UTF-8">
  <title>Title</title>
  <script type="text/javascript">
function check(form){
if(form.uesr.value == ""){
    alert("请输入用户名");
    }
if(form.pwd.value == ""){
    alert("请输入密码");
    }
    form.submit();
    }
  </script>
</head>
<body>
<form name="form1" method="post" action="default.php">
  <table width="520" height="390" border="0" cellpadding="0" cellspacing="0">
    <tr>
      <td valign="top">
```

```html
        <table width="520" border="0" cellspacing="0" cellpadding="0">
          <tr>
            <td height="24" align="right">用户名：</td>
            <td height="24" align="left">
              <input name="user" type="text" id="user" size="20">
            </td>
          </tr>
          <tr>
            <td height="24" align="right">密码：</td>
            <td height="24" align="left">
              <input name="pwd" type="password" id="pwd" size="20">
            </td>
          </tr>
          <tr align="center">
            <td height="24" colspan="2">
              <input name="submit" type="submit" value="提交" onclick="return check(form);">
              <input type="reset" name="reset" value="重置">
            </td>
          </tr>
          <tr>
            <td height="76">
              <span>超级用户：admin  密　码：111 </span>
              <br><br>
              <span>普通用户：tom  密　码：000 </span>
            </td>
          </tr>
        </table>
      </td>
    </tr>
  </table>
</form>
</body>
</html>
```

在"提交"按钮的单击事件中调用自定义函数check()来验证表单元素是否为空。这里使用了JavaScript代码进行验证，使用自定义函数check()的代码如下：

```javascript
<script type="text/javascript">
  function check(form){
    if(form.uesr.value == ""){
      alert("请输入用户名");
    }
    if(form.pwd.value == ""){
      alert("请输入密码");
    }
    form.submit();
  }
</script>
```

在大多数网站的开发过程中,为了符合实际需要,往往要划分管理员和普通用户对网站的操作权限。在实际应用中,常常通过用户登录页面提交的用户信息来验证用户操作网站的权限。

【示例9-15】接收post传值。

设计一个登录页面,添加一个form表单,使用POST方式进行参数传递,action指向的数据处理页面为default.php;在页面中添加一个用户名文本框并命名为user,添加一个密码域文本框并命名为pwd;通过submit按钮进行提交跳转,其主要的代码如下:

示例 9-15

```html
<!DOCTYPE html>
<html lang="en">
<head>
<meta charset="UTF-8" />
<title>Title</title>
<script type="text/javascript">
function check(form){
if(form.uesr.value == ""){
    alert("请输入用户名");
  }
if(form.pwd.value == ""){
   alert("请输入密码");
  }
   form.submit();
  }
 </script>
</head>
<body>
<form name="form1" method="post" action="default.php">
  <table width="520" height="390" border="0" cellpadding="0" cellspacing="0">
```

```
    <tbody>
     <tr>
      <td valign="top">
       <table width="520" border="0" cellspacing="0" cellpadding="0">
        <tbody>
         <tr>
          <td height="24" align="right">用户名：</td>
          <td height="24" align="left"> <input name="user" type="text" id="user" size="20" /> </td>
         </tr>
         <tr>
          <td height="24" align="right">密 码：</td>
          <td height="24" align="left"> <input name="pwd" type="password" id="pwd" size="20" /> </td>
         </tr>
         <tr align="center">
          <td height="24" colspan="2"> <input name="submit" type="submit" value="提交" onclick="return check(form);" /> <input type="reset" name="reset" value="重置" /> </td>
         </tr>
         <tr>
          <td height="76"> <span>超级用户：admin  密 码： 111 </span> <br /><br /> <span>普通用户：tom  密 码： 000 </span> </td>
         </tr>
        </tbody>
       </table> </td>
     </tr>
    </tbody>
   </table>
  </form>
 </body>
</html>
```

在"提交"按钮的单击事件中调用自定义函数check()来验证表单元素是否为空。这里使用JavaScript代码进行验证。自定义函数check()的代码如下：

```
<script type="text/javascript">
function check(form){
if(form.uesr.value == ""){
alert("请输入用户名");
}
if(form.pwd.value == ""){
alert("请输入密码");
```

```
}
form.submit();
}
</script>
```

提交表单元素到数据处理页面default.php。首先使用Session_start()函数初始化Session变量，再使用POST方法接收表单元素的值，将获取的用户名和密码分别赋值给Session变量，其代码如下：

```
<?php
    Session_start();
    $_SESSION['user']=$_POST['user'];
    $_SESSION['pwd']=$_POST['pwd'];
?>
```

为防止其他用户非法登录本系统，使用if条件语句对Session变量的值进行判断，这里继续使用JavaScript脚本，其代码如下：

```
<?php
 if($_SESSION['user']==""){
   echo '<script type="text/javascript">alert("请使用正确途径登录"); history.back();</script>';
 }
?>
```

在数据处理页面default.php中添加如下的导航栏代码，判断当前用户的级别，看已登录的用户是管理员还是普通用户，然后根据用户级别的不同显示不同的导航栏内容。

```
<table align="center" cellpadding="0" cellspacing="0">
 <tr align="center" valign="middle">
  <td style="width: 140px; color: red;">当前用户：
   <!-- 输出当前登录用户级别-->
   <?php
    if($_SESSION['user']=="admin"&&$_SESSION['pwd']=="111"){
      echo "管理员";
    }else{
      echo "普通用户";
    }
   ?>
  </td>
  <td width="70"><a href="default.php">首页</a><td>
  <td width="70">|<a href="default.php">文章</a><td>
  <td width="70">|<a href="default.php">相册</a><td>
```

```
    <td width="100">|<a href="default.php">修改密码</a><td>
  <?php
    if($_SESSION['user']=="admin"&& $_SESSION['pwd']=="111") {   //判断当前用户是否为管理员
    //如果当前用户是管理员，则输出"用户管理"导航栏
      echo  '<td width="100">|<a href="default.php">用户管理</a><td>';
    }
  ?>
    <td width="100">|<a href="safe.php">注销用户</a><td>
  </tr>
</table>
```

【示例9-16】删除用户session。

在上面的default.php页面中，"注销用户"的超链接页面是safe.php。新建一个页面safe.php，并在safe.php中写入如下的代码，实现删除用户Session的功能，然后再返回登录页面。

示例 9-16

```
<?php
Session_start();              //初始化 Session
unset($_SESSION['user']);     //删除用户名会话变量
unset($_SESSION['pwd']);      //删除密码会话变量
Session_destroy();            //删除当前所有会话变量
header("location:index.php"); //跳转到用户登录页面
?>
```

运行该实例，在网站的用户登录页面中输入用户名和密码，分别以管理员和普通用户的身份登录网站，查看不同身份对应的网站导航栏及页面显示内容。

9.3 Session高级应用

Session在Web技术中非常重要，由于网页是一种无状态的连接程序，因此无法得知用户的浏览状态。通过Session则可以记录用户的有关信息，以供用户再次以此身份对Web服务器提交要求时确认。

9.3.1 Session临时文件

在服务器中，如果将所有用户的Session都保存在临时目录中，会降低服务器的安全性和效率，打开服务器存储的站点会非常慢。在PHP中，使用函数Session_save_path()可以解决这个问题。

【示例9-17】使用PHP函数Session_save_path()存储Session临时文件。

为缓解因临时文件的存储而导致服务器效率降低和站点打开缓慢的问题，可使用PHP函数Session_save_path()存储Session临时文件，代码如下：

示例 9-17

```php
<?php
$path ='./tmp';
Session_save_path($path);
Session_start();
$_SESSION['username']=true;
?>
```

> **提示**：Session_save_path()函数应该在Session_start之前调用。

9.3.2 Session缓存

PHP语言本身支持的Session是以文件的方式保存到磁盘的指定文件夹中的，保存的路径可以在配置文件中设置或者在程序中使用函数Session_save_path()设置。

【示例9-18】PHP对Session的操作。

在PHP中，一般将缓存保存到redis中，可以使用配置文件对Session的处理和保存做修改，代码如下：

示例 9-18

```php
<?php
ini_set("Session.save_handler", "redis");
ini_set("Session.save_path", "tcp://localhost:6379");
Session_start();
header("Content-type:text/html;charset=utf-8");
if(isset($_SESSION['view'])){
   $_SESSION['view'] = $_SESSION['view'] + 1;
}else{
   $_SESSION['view'] = 1;
}
echo "{$_SESSION['view']}";
?>
```

这里设置Session.save_handler的方式为redis，Session.save_path为redis的地址和端口，设置之后刷新，然后再查看redis，会发现redis中生成了Session ID，此Session ID和浏览器请求的Session ID是一样的。

9.3.3 Session数据库存储

PHP保存Session默认是采用文件的方式保存，这仅仅在文件的空间开销很小的Windows系统上是可以采用的，但是，如果采用的是Uinx或者Linux的文件系统，这两种文件系统的文件空间开销是很大的，然而Session是需要时时刻刻使用的，大量的用户就需要创建很多的Session

文件，这样势必影响整个服务器的性能。另一方面，如果服务器采用集群方式就不能保持Session的一致性，所以，需要采用数据库的方式保存Session，这样，不管有几台服务器同时使用，只要把它们的Session保存在一台数据库服务器上就可以保持Session的完整了。

PHP的Session默认是采用文件的方式保存的，在PHP的配置文件php.ini中可以看到这样一行设置，Session.save_handler="files"，说明是采用文件来保存Session的。如果要采用数据库保存Session，需要修改成用户模式，将设置改为 Session.save_handler="user" 即可。但这一设置仅说明不采用文件的方式存储Session，用数据库方式存储还需要选择数据库和建立数据库表。

建立数据库和数据库的表结构，可以采用PHP支持使用的任何数据库。因为PHP和MySQL结合得最好，这里就以MySQL数据库做示例说明。

数据库操作的代码如下：

```
CREATE TABLE Sessions(
   id CHAR(32) NOT NULL,
   data TEXT,
   last_accessed TIMESTAMP NOT NULL,
   PRIMARY KEY(id)
);
//创建数据库的表结构
```

实现此功能主要有两个步骤：一是定义与数据库交互的函数，二是使PHP能使用这些自定义的函数。

【示例9-19】 Session的数据库存储。

通过调用函数Session_set_save_handler()实现，调用函数Session_set_save_handler()需要6个参数，分别是open_Session（启动会话）、close_Session（关闭会话）、read_Session（读取会话）、write_Session（写入会话）、destroy_Session（销毁会话）、clean_Session（垃圾回收）。新建一个PHP文件Sessions.inc.php，代码如下：

示例 9-19

```php
<?php
$sdbc = null;  //数据库连接句柄，在后面的函数里会将它设置成全局变量
//启动会话
function open_Session()
{
   global $sdbc;     //使用全局变量$sdbc
   $sdbc = mysqli_connect('localhost', 'root', '123456', 'test');    //数据库 test
   if (!$sdbc) {
      return false;
   }
   return true;
}
```

```php
//关闭会话
function close_Session()
{
    global $sdbc;
    return mysqli_close($sdbc);
}
//读取会话数据
function read_Session($sid)
{
    global $sdbc;
    $sql = sprintf("SELECT data FROM Sessions WHERE id='%s'", mysqli_real_escape_string($sdbc, $sid));
    $res = mysqli_query($sdbc, $sql);
    if (mysqli_num_rows($res) == 1) {
        list($data) = mysqli_fetch_array($res, MYSQLI_NUM);
        return $data;
    } else {
        return "";
    }
}
//写入会话数据
function write_Session($sid, $data)
{
    global $sdbc;
    $sql = sprintf("INSERT INTO Sessions(id,data,last_accessed) VALUES('%s','%s','%s')", mysqli_real_escape_string($sdbc, $sid), mysqli_real_escape_string($sdbc, $data), date("Y-m-d H:i:s", time()));
    $res = mysqli_query($sdbc, $sql);
    if (!$res) {
        return false;
    }
    return true;
}
//销毁会话数据
function destroy_Session($sid)
{
    global $sdbc;
    $sql = sprintf("DELETE FROM Sessions WHERE id='%s'", mysqli_real_escape_string($sdbc, $sid));
    $res = mysqli_query($sdbc, $sql);
    $_SESSION = array();
    if (!mysqli_affected_rows($sdbc) == 0) {
```

```
      return false;
    }
    return true;
}
//执行垃圾回收（删除旧的会话数据）
function clean_Session($expire)
{
    global $sdbc;
    $sql = sprintf("DELETE FROM Sessions WHERE DATE_ADD(last_accessed,INTERVAL %d SECOND)<NOW()", (int)$expire);
    $res = mysqli_query($sdbc, $sql);
    if (!$res) {
      return false;
    }
    return true;
}
//告诉PHP使用函数处理会话
Session_set_save_handler('open_Session', 'close_Session', 'read_Session', 'write_Session', 'destroy_Session', 'clean_Session');
//启动会话，该函数必须在Session_set_save_handler()函数后调用，不然定义的函数就没法起作用了
Session_start();
//由于该文件被包含在需要使用会话的PHP文件里面，因此不会为其添加PHP结束标签
?>
```

在使用Session的时候，将Sessions.inc.php文件包含进来，包含此文件一定要放在文件的第1行，然后就可以像使用文件方式存储的Session一样使用了。

课后作业

（1）定义Session数组，将其嵌入到URL中。

（2）使用PHP函数Session_save_path()存储Session临时文件，缓解因临时文件的存储导致服务器效率降低和站点打开缓慢的问题。

第 10 章 文件系统操作

内容概要

文件是存储数据的方式之一。相对于数据库来说，文件在使用上更直接方便。PHP的内置函数中提供了丰富的对文件和目录进行操作的函数，可以便捷地实现对文件和目录的读写功能及文件上传功能。

数字资源

【本章实例源代码来源】："源代码\第10章"目录下

10.1 文件处理

文件处理包括打开、读取、关闭、重写等功能。只要能熟练使用文件处理的常用函数，即可运用自如。

10.1.1 打开/关闭文件

打开文件是对文件进行操作的第一步，关闭文件是对文件操作完成后的最后一步，这两步是文件操作中必不可少的。

1. 打开文件

在PHP中，创建文件操作与打开文件操作用的是同一个函数，即fopen()函数。如果用fopen()函数打开并不存在的文件，此时函数就会先创建文件。

fopen()函数的语法格式为：

fopen(string filename,string mode [, bool use_include_path [, resource zcontext]])

参数说明：

- filename：必选参数，规定要打开的文件或URL。
- mode：必选参数，规定请求到该文件/流的访问类型。
- use_include_path：可选参数，如果还想在use_include_path中搜索文件的话，请设置该参数为1。
- zcontext：可选参数，规定文件句柄的环境。zcontext是一套可以修改流的行为的选项。

fopen()将filename指定的名字资源绑定到一个流上。若filename的格式为URL格式，则采用搜索协议处理器处理，否则当作普通文件执行。

参数mode用于规定文件打开的方式， mode可取的值如表10-1所示。

表 10-1 fopen() 函数中 mode 的取值说明

mode	说明
r	以只读方式打开，将文件指针指向文件头
r+	以读写方式打开，将文件指针指向文件头。在读写之前写入，就会覆盖原内容
w	以写入方式打开，将文件指针指向文件头并将文件大小截为零。如果文件不存在，则先创建文件
w+	以读写方式打开，将文件指针指向文件头并将文件大小截为零。如果文件不存在，则先创建文件
'a	以写入方式打开，将文件指针指向文件末尾。如果文件不存在，则先创建文件
a+	以读写方式打开，将文件指针指向文件末尾。如果文件不存在，则先创建文件
x	创建并以写入方式打开，将文件指针指向文件头。如果文件已存在，则fopen()调用失败并返回false，同时生成一条E_WARNING级别的错误信息。如果文件不存在，则先创建文件。此选项被PHP 4.3.2及以后的版本所支持，仅能用于本地文件

(续表)

mode	说明
x+	创建并以读写方式打开，将文件指针指向文件头。如果文件已存在，则fopen()调用失败并返回false，同时生成一条E_WARNING级别的错误信息。如果文件不存在，则先创建文件。此选项被 PHP 4.3.2 及以后的版本所支持，仅能用于本地文件
b	二进制模式，用于与其他模式进行连接。如果文件系统能够区分二进制文件和文本文件，则可以使用这种模式。Windows区分二进制文件和文本文件，Unix系统则不区分。这个是默认的模式
t	文本模式，该模式通常与其他模式结合使用。这个模式只是Windows系统的一个选项

2. 关闭文件

文件有打开功能就应该有关闭功能，对文件的操作结束后，应该关闭这个文件，否则可能引起错误。关闭文件的函数是fclose()。

fclose()函数的语法格式为：

bool fclose(resouce handle)

参数说明：

handle：使用fopen()或fsockopen()函数打开的已存在的文件指针。

资源类型属于PHP的基本类型之一，一旦完成对资源的处理，一定要将其关闭，否则可能会出现一些预料不到的错误。函数fclose()执行的操作是撤销fopen()打开的资源类型，成功时返回true，否则返回false。

■10.1.2 读写文件

打开文件之后就可以对文件进行读取操作了，一般使用fgets()函数读取文件内容。该函数可以从文件中每次读取一行内容并不断读入数据，当遇到本行的换行符或者全文的结束符（EOF）时终止。因为fgets()函数只能读取一行数据，所以若需要读取文件的所有数据，就必须使用循环语句来完成。

例如：

```
while (!feof($fp))
{
  $bruce=fgets($fp);
  echo $bruce;
}
```

其中feof()函数是用来检测文件是否结束的。该函数的唯一参数就是文件指针（即$fp对应打开的文件）。

【示例10-1】读取网页。

在PHP中还可以使用readfile()函数一次读取整个文件或网页。该函数将打开文件、读取文件并输出到浏览器中、关闭文件3部分操作集于一体。代码如下：

程序运行结果如图10-1所示。

示例 10-1
```php
<?php
$br=readfile("http://www.baidu.com");
echo $br;
?>
```

图 10-1　【示例 10-1】运行结果

■10.1.3　操作文件

除了可以对文件内容进行读写，对文件本身也可以进行各种操作。PHP内置了大量的文件操作函数，这里将对文件操作函数进行简单介绍。

（1）basename()函数：获得基本文件名。

给出一个包含指向一个文件的全路径的字符串，本函数返回基本文件名。如果文件名是以扩展名结束的，则扩展名部分也会被去掉。

例如：

```
$path="/home/httpd/html/index.php";
$file=basename($path,".php");        //获得文件名："index"
```

（2）dirname()函数：得到目录部分。

给出一个包含指向一个文件的全路径的字符串，本函数返回去掉文件名后的目录名。

例如：

```
$path="/etc/passwd";
$file=dirname($path);         //获得文件passwd的路径："/etc"
```

（3）pathinfo()函数：得到路径关联数组。

得到一个指定路径中的3个部分：目录名、基本名和扩展名。

例如：

```
$pathinfo=pathinfo("www/test/index.html");
var_dump($pathinfo);
$path['dirname']              //获得目录名："www/test"
$path['basename']             //获得文件基本名："index"
$path['extension']            //获得文件扩展名："html"
```

(4) filetype()函数：返回文件的类型。

函数返回文件的类型，可能的值有fifo、char、dir、block、link、file和unknown。

例如：

```
echo filetype("/etc/passwd");        //输出文件类型为 "file"
echo "\n";                           //换行
echo filetype("/etc/");              //输出文件类型为 "dir"
```

(5) fstat()：得到给定文件有关信息的数组。

通过已打开的文件指针取得文件信息并放于数组中，即获取由文件指针handle所打开文件的统计信息。函数和stat()函数相似，只是它是作用于已打开的文件指针而不是文件名。

例如：

```
// 打开文件
$fp = fopen("/etc/passwd", "r");
// 取得统计信息
$fstat = fstat($fp);
// 关闭文件
fclose($fp);
// 只显示关联数组部分
print_r(array_slice($fstat, 13));
```

(6) filesize()函数：返回文件大小。

函数返回文件大小的字节数，如果出错，则返回false，并生成一条E_WARNING级的错误信息。

例如：

```
// 输出结果的形式类似somefile.txt: 1 024 bytes
$filename = 'somefile.txt';
echo $filename . ': ' . filesize($filename) . ' bytes';
```

(7) disk_free_space()函数：获得目录所在磁盘分区的可用空间（以字节为单位）。

例如：

```
// $df：包含根目录的磁盘的可用字节数
$df = disk_free_space("/");
//在Windows系统中，C盘、D盘的可用字节数
disk_free_space("C:");
disk_free_space("D:");
```

10.2 目录处理

目录也是文件，是一种特殊的文件。

10.2.1 打开/关闭目录

要浏览目录下的文件，首先要打开目录，浏览完毕后，同样需要关闭目录。

1. opendir()函数：打开目录

opendir()函数的作用是打开目录句柄，其语法格式为：

```
opendir(path,context)
```

【示例10-2】打开目录。

使用opendir()函数打开目录，然后列出目录下的所有文件，代码如下：

示例 10-2
```php
<?php
    $dr = @opendir('/tmp/');
    if(!$dr) {
      echo "Error opening the /tmp/ directory!<br>";
      exit;
    }
    while(($files[] = readdir($dr)) !== false);
        print_r($files);
?>
```

如果正确则会输出文件名，出错的话则会报出一条错误提示，如图10-2所示。

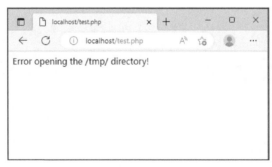

图 10-2 【示例 10-2】运行结果

2. closedir()：关闭目录

closedir()函数的作用是关闭目录句柄，其语法格式为：

```
closedir(dir_handle)
```

【示例10-3】关闭目录。

打开一个目录，读取它的内容，然后使用closedir()函数关闭此目录，代码如下：

示例 10-3
```php
<?php
$dir = "/upload/";//定义要打开的目录为"upload"
//打开目录并遍历所有文件
if (is_dir($dir)) {
    if ($dh = opendir($dir)) {
        while (($file = readdir($dh)) !== false) {
            echo "filename: $file : filetype: " . filetype($dir . $file) . "\n";
        }
        closedir($dh);
    }
}
?>
```

10.2.2 浏览目录

在PHP中，浏览目录的文件使用的是scandir()函数。其语法格式为：

scandir(directory,sorting_order,context)

如果成功则返回文件和目录的数组，失败则返回false。如果directory不是一个目录，则抛出E_WARNING级别的错误提示信息。

【示例10-4】浏览目录。

使用scandir()函数列出images目录中的文件和目录，代码如下：

示例 10-4
```php
<?php
$dir = "/images/";
// Sort in ascending order - this is default
$a = scandir($dir);
// Sort in descending order
$b = scandir($dir,1);
print_r($a);
print_r($b);
?>
```

10.3 文件处理的高级应用

在PHP中除了可以对文件进行基本的读写操作外，还可以对文件进行查找、定位和对正在读取的文件进行锁定等操作。

10.3.1 远程文件的访问

只要在php.ini文件中激活了allow_url_fopen选项，就可以在大多数需要用文件名作为参数的函数中使用HTTP和FTP的URL来代替文件名；同时，也可以在include、include_once、require和require_once语句中使用URL。PHP所支持的协议的更多信息可参见支持的协议和封装协议。

10.3.2 文件指针

在对文件进行读写的过程中，可能需要在文件中跳转、在不同位置读取，以及将数据写入不同的位置，分别需要通过ftell()、fseek()和rewind() 3个函数对文件指针进行操作，这3个函数的语法格式为：

```
int ftell(resource handle) //返回文件指针的当前位置
int fseek(resource handle,int offset[,int whence]) //移动文件指针到指定位置
bool rewind(resource handle) //移动文件指针到文件的开头
```

使用这些函数时，必须提供一个用fopen()函数打开的、合法的文件指针。函数ftell()获取在指定资源中的文件指针当前位置的偏移量。函数rewind()将文件指针移回到指定资源的开头。而函数fseek()则将文件指针移动到第2个参数offset指定的位置，如果没有提供第3个可选参数whence，则位置将设置为从文件开头的offset字节处；否则，第3个参数whence可以设置为3个可能的值，它将影响指针的位置。如果函数fseek()执行成功，将返回0，失败将返回-1。

【示例10-5】文件指针的操作。

关于文件指针的各种操作，在每行语句的注释中给出了详细的说明，代码如下：

示例 10-5

```php
<?php
$fp = fopen('data.txt' ,'r')or die("文件打开失败");
echo ftell($fp)."<br>";//输出刚打开的文件指针的默认位置,此时指针在文件的开头位置0
echo fread($fp, 10)."<br>";//读取文件中的前10个字符并输出,指针位置发生了变化
echo ftell($fp)."<br>";//读取文件的前10个字符之后,指针移动的位置在第10个字节处
 fseek($fp, 100,SEEK_CUR); //将指针移动到当前位置后100个字节位置处
echo ftell($fp); //文件的位置在110个字节处
echo fread($fp,10)."<br>";//读取110到120字节数位置的字符串,读取后指针的位置为120
fseek($fp,-10,SEEK_END); //又将指针移动到倒数10个字节位置处
echo fread($fp, 10)."<br>";//输出文件中最后10个字符
```

```
rewind($fp); //移动文件指针到文件的开头
echo ftell($fp); //指针在文件的开头位置,此时输出结果为0
fclose($fp);//关闭文件
?>
```

10.3.3 锁定文件

锁定文件的函数为advisory file lock()。这类锁比较常见,例如,MySQL数据库或php-fpm (PHP FastCGI管理器)启动之后都会有一个pid文件记录了进程id,这个文件就是文件锁。

进程锁可以防止重复运行一个进程,例如,在使用crontab时,限定每1 min执行一个任务,但这个进程运行时间可能超过1 min,如果不用进程锁,两个进程一起执行就可能会产生冲突。

使用pid文件锁还有一个好处,方便进程向自己发停止或者重启信号。例如,重启php-fpm的命令为:

```
kill -USR2 'cat /usr/local/php/var/run/php-fpm.pid'
```

发送USR2信号给pid文件记录的进程,信号属于进程通信。

文件锁函数为flock()。flock()函数的语法格式为:

```
bool flock ( resource $handle , int $operation [, int &$wouldblock ] )
```

> **提示**:$handle是文件系统指针,是典型的由fopen()创建的resource(资源),这就意味着使用flock()必须打开一个文件;$operation是操作类型;&$wouldblock表示文件锁的状态,如果锁是阻塞的,那么这个变量会设为1。

【示例10-6】锁定文件。

使用flock()函数锁定文件,然后写入数据,最后解除锁定,关闭文件,代码如下:

示例 10-6
```
<?php
$filename='1.txt';    //声明要打开的文件名称
$fd=fopen($filename,'w');  //以w模式打开文件
flock($fd,LOCK_EX);    //锁定文件(独占共享)
fwrite($fd,"hightman1");  //向文件中写入数据
flock($fd,LOCK_UN);    //解除锁定
fclose($fd);       //关闭文件
readfile($filename);    //输出文件内容
?>
```

向文件写入数据需要先使用w或w+模式打开文件,然后使用LOCK_EX方式锁定文件,此时访问此文件的其他用户将无法得到文件的大小,不能进行写操作。

10.4 文件上传

文件上传是经常要用到的功能，本节将对文件上传操作进行介绍。

10.4.1 php.ini配置文件

打开php.ini配置文件找到File Uploads选项，将该选项的值由Off改成On，此选项设置就默认为允许HTTP文件上传，最好不要设置为Off。然后找到"upload_tmp_dir="这一行，默认为空，此选项设置的是文件上传时存放文件的临时目录。如果不配置此选项，文件上传功能就无法实现，所以，必须要给这个选项赋值。例如，upload_tmp_dir ='/leapsoulcn'，该行设置代表在C盘根目录下有一个leapsoulcn目录，将此目录设为文件上传时的临时目录。与Session配置一样，如果系统是在Linux环境下，就必须赋予这个目录可写的权限。

10.4.2 预定义变量$_FILES

$_FLIES变量储存的是上传文件的相关信息，这些信息对于文件上传功能有很大的作用。该变量是一个二维数组。预定义变量$_FILES的元素说明如表10-2所示。

表10-2 $_FILES的元素说明

元素名	说明
$_FILE[filename][name]	储存上传文件的文件名，如exam.txt、myDream.jpg等
$_FILE[filename][size]	储存文件大小，单位为字节
$_FILE[filename][tmp_name]	文件上传时，首先在临时目录中被保存成一个临时文件。该变量为临时文件名
$_FILE[filename][type]	上传文件的类型
$_FILE[filename][error]	储存上传文件的结果。如果值为0，说明文件上传成功

【示例10-7】预定义变量$_FILES。

创建一个上传文件域，通过$_FILES变量输出上传的文件资料信息，代码如下：

示例10-7

```
<html>
<head></head>
<body>
<table width="500" border="1" cellpadding="0" cellspacing="0">
<!--上传文件的 form表单，必须有enctype属性-->
<form method="post" about="" enctype="multipart/form-data"></form>
<tbody>
 <tr>
  <td width="150" height="30" align="right" valign="middle">请选择上传文件：</td>
  <!--上传文件域，type类型为file-->
```

```
      <td width="250"><input type="file" name="upfile" /></td>
      <!-- 提交按钮-->
      <td width="100"><input type="submit" name="submit" value="上传" /></td>
     </tr>
    </tbody>
   </table>
   <!--?php
header("Content-Type:text/html; charset=utf-8");
if(!empty($_FILES)){ //判断变量$_FILES是否为空
foreach ($_FILES['upfile'] as $name =--> $value){ //使用foreach循环输出上传文件信息的名称和值
echo $name,&quot;=&quot;.$value.&quot;
   <br />&quot;;; } } ?&gt;
   </body>
  </html>
```

■10.4.3　文件上传函数

PHP中move_uploaded_file()函数用于将HTTP POST的文件上传到服务器，如果目标文件已经存在，将会被覆盖；若上传成功，则返回true，否则返回false。

move_uploaded_file()的语法格式为：

move_uploaded_file(filename,destination)

该函数检查并确保由filename指定的文件是合法的上传文件。如果文件合法，则将其移动到destination指定的位置。如果filename不是合法的上传文件，则不会出现任何操作，move_uploaded_file()函数将返回false。如果filename是合法的上传文件，但出于某些原因无法移动，也不会出现任何操作，move_uploaded_file()也将返回false，此外还会发出一条警告。

> **提示**：本函数仅用于通过 HTTP POST 上传的文件。如果目标文件已经存在，将会被覆盖。

【示例10-8】用**move_uploaded_file()函数上传文件**。

使用move_uploaded_file()函数上传文件到服务器，代码如下：

示例 10-8

```php
<?php
    $tmp_filename = $_FILES['myupload']['tmp_name'];
    if(!move_uploaded_file($tmp_filename,"/path/to/dest/{$_FILES['myupload']['name']}")) {
        echo "An error has occurred moving the uploaded file."."<br>";
        echo "Please ensure that if safe_mode is on that the " . "UID PHP is using matches the file.";
        exit;
```

```
    } else {
        echo "The file has been successfully uploaded!";
    }
?>
```

10.4.4 多文件上传

要使用PHP实现多文件上传功能，需要编写两个php文件：test.html和upfiles.php。其中，test.html页面用于提交文件上传的表单请求，upfiles.php页面用于接收上传的文件并进行相应处理。

【示例10-9】多文件上传1。

upfiles.php页面用于接收上传的文件并进行相应处理，代码如下：

示例 10-9

```
//upfiles.php
<?php
//用for循环获取传递的数据，是一个三维数据
for ($i=0;$i<count($_FILES['userfile']['tmp_name']);$i++)
{
    $upfile="D:/upload/".$_FILES['userfile']['name'][$i];//此处可以根据自己的需要修改
    if(move_uploaded_file($_FILES['userfile']['tmp_name'][$i],$upfile)){
        echo "第".($i+1)."张图片上传成功<br>";
    }
    else{
        echo "第".($i+1)."张图片上传不了<br>";
    }
}
?>
```

【示例10-10】多文件上传2。

test.html页面用于提交文件上传的表单请求，代码如下：

示例 10-10

```
//test.html
<body>
<h2>多个文件上传</h2>
<form action="upfiles.php" method="post" enctype="multipart/form-data">
<p>Files:
<input type="file" name="userfile[]" /><br />
<input type="file" name="userfile[]" /><br />
<input type="file" name="userfile[]" /><br />
<input type="submit" value="Upload" />
```

```
</p>
</form>
</body>
```

值得注意的是，由于HTTP协议在设计之初并不支持文件上传功能，form表单的encrypt属性的默认值为application/x-www-form-urlencoded，它只能用于提交一般的表单请求。如果提交的表单中包含需要上传的文件，就需要将enctype的属性值改为multipart/form-data，这样才能实现文件上传功能。此外，method的属性值必须为POST。

课后作业

（1）使用readfile()函数一次读取整个文件或网页。
（2）使用opendir()列出目录下所有文件。

第11章 面向对象编程

内容概要

面向对象编程（OOP）是编程的一项基本技能，如何使用OOP的思想来进行PHP的高级编程，对于提高PHP编程能力和规划好Web开发构架都是非常有意义的。本章主要介绍PHP中的面向对象编程的概念和应用方法。

数字资源

【本章实例源代码来源】："源代码\第11章"目录下

11.1 面向对象的基本概念

面向对象编程（object-oriented programming，OOP），其实是面向对象的一部分。面向对象共有3部分内容：面向对象分析（object-oriented analysis，OOA）、面向对象设计（object-oriented design，OOD）、面向对象编程。本章将要学习的是PHP的面向对象编程，在面向对象编程中必须要了解的两个非常重要的概念是类和对象。

11.1.1 类

类是对某类对象的定义。该定义中包含有关对象动作方式的信息，包括它的名称、方法、属性和事件。实际上类本身并不是对象，因为它并不存在于内存中。当引用类的代码运行时，类的一个新的实例（即对象）就在内存中创建了。即使只有一个类，也能在内存中创建多个相同类的对象。在PHP中，类是通过class关键字来定义的。

定义类的语法格式为：

```
class 类名{
    //属性、方法
}
```

❗ **提示**：定义类只能用class定义。

定义类时还可以同时定义类的属性，即在class前面加属性修饰符（属性修饰符共有3个，分别是public、protected和private，这里暂时只使用public）。

【示例11-1】定义类。

定义一个汽车类，车的颜色和价格的属性为public，代码如下：

示例 11-1
```php
<?php
class Car{
    public $color;    //定义颜色属性
    public $price;    //定义价格属性
}
?>
```

11.1.2 对象

在现实中，通常人们是根据多个对象的共同特征，归纳出某一个"类"来。对象是实际存在的该类事物的每个个体，因而也称实例（instance）。在计算机中，可以理解为在内存中创建了实实在在的一块内存区域存储这个对象。

在代码中，通常是必须先定义出一个类（其中描述该类事物的一些共同特性），然后再创建出对象。

创建对象的过程也称为实例化，一般是通过new操作实现的。

11.1.3 面向对象编程的特点

面向对象编程的三大特性是：封装、继承、多态。

1. 封装

封装是指把客观事物封装成抽象的类，并且类可以把自己的数据和方法只让可信的类或者对象操作，对不可信的类和对象进行信息隐藏。

封装是面向对象的特征之一，是对象和类概念的主要特性。一个类就是一个封装了数据以及操作这些数据的代码的逻辑实体。在一个对象内部，某些代码或某些数据可以是私有的，不能被外界访问。通过这种方式，对象对内部数据提供了不同级别的保护，可以防止程序中无关的部分意外地改变或错误地使用对象的私有部分数据。

2. 继承

继承是指可以让某个类型的对象获得另一个类型的对象的属性和方法，它支持按级分类的概念。

通过继承创建的新类称为"子类"或"派生类"，被继承的类称为"基类""父类"或"超类"。继承的过程，就是从一般到特殊的过程，是指可以使用现有类的所有功能，并在无须重新编写原来的类的情况下对这些功能进行扩展。

要实现继承，可以通过"继承"（inheritance）和"组合"（composition）两种方式来实现。继承概念的实现方式有两种：实现继承与接口继承。实现继承是指直接使用基类的属性和方法而无须额外编码的继承方式；接口继承是指仅使用基类的属性和方法的名称，但是由子类提供的方法来实现。

3. 多态

多态是指一个类实例的相同方法在不同情形有不同的表现形式。多态机制使具有不同内部结构的对象可以共享相同的外部接口。虽然针对不同对象的具体操作不同，但通过一个公共的类，它们（那些操作）可以通过相同的方式予以调用。

11.2 PHP与面向对象编程

PHP支持面向对象编程。下面将详细介绍PHP中面向对象编程的有关内容。

11.2.1 类的定义

在面向对象编程中，类是一个核心概念。从程序设计的角度看，类是具有相同语义特性的对象的集合。所谓相同的语义特性是指：

- 同一类中的对象具有相同的属性。
- 同一类中的对象具有相同的方法。
- 同一类中的对象遵守相同的语义规则。

在PHP中使用关键字class创建新类，类名的首字母要大写，类成员包括成员变量和成员方法。

定义类的语法格式为：

```
class 类名称{
//成员变量列表
function 成员方法1（[参数1,参数2,……]）{
//成员方法1的具体实现
}
function 成员方法2（[参数1,参数2,……]）{
//成员方法2的具体实现
}
//其他成员方法
}
```

【示例11-2】定义类。

使用关键字class创建一个Dabing类，代码如下：

示例 11-2

```
<?php
Class Dabing
{
//成员属性
}
?>
```

以上代码中仅仅实现了一个名称为"Dabing"的类结构，成员属性和成员方法在稍后的内容中逐步添加。

■11.2.2 成员变量

类中的变量，也称成员变量。

例如：

```
class Person{
    public $name; //定义成员变量
    public $age;  //定义成员变量
}
```

上述代码中的$name、$age就是成员变量。

11.2.3 成员方法

当把一个函数写到某个类中,则该函数称为该类的成员方法。

成员方法的定义的语法格式为:

```
访问修饰符号 function 函数名(参数列表)
{
函数体
return语句;
}
```

【示例11-3】 创建类操作。

创建一个名为MyObject的类,并添加一个成员方法getObjectname(),代码如下:

示例 11-3
```
<?php
class MyObject{
  function getObjectname($name){ //声明成员方法
    echo "商品名称为: ".$name; //方法所实现的功能
  }
}
?>
```

该成员方法的作用是输出商品的名称,商品的名称是通过成员方法的参数传递的。

11.2.4 类的实例化

类的方法已经添加完成,还要将类实例化才能输出。类的实例化又叫创建一个对象或者实例化一个对象或者把类实例化。实例化是通过关键字new实现的。

【示例11-4】 类的实例化。

定义一个名为MyObject的类,并把这个类实例化,代码如下:

示例 11-4
```
<?php
class MyObject{
    function getObjectname($name){
        echo "商品名称为: ".$name; //方法所实现的功能
    }
}
$MyObject =new MyObject;
echo $MyObject -> getObjectname('饮料');
?>
```

11.2.5 类常量

在PHP中定义常量是通过define()函数完成的,但在类中定义常量不能使用define()函数,而需要使用const修饰符。类中的常量使用const定义后,其访问方式和静态成员类似,都是通过类名或在成员方法中使用self访问,在PHP 5.3.0之后也可以使用对象来访问。被const定义的常量不能重新赋值,如果在程序中试图改变它的值将会出现错误。

【示例11-5】声明类常量。

声明类常量并赋值,再使用self访问常量,代码如下:

示例 11-5
```php
<?php
class MyClass {
    const CONSTANT='CONSTANT value';//使用const声明一个常量,并直接赋上初始值
    function showConstant() {
        echo  self ::CONSTANT ."<br>";//使用self访问常量。注意,常量前不要加 "$"
    }
}
echo MyClass::CONSTANT . "<br>" ;//在类外部使用类名称访问常量,也不要加 "$"
$class = new MyClass(); //实例化一个对象
$class->showConstant(); //对象调用类方法
echo $class ::CONSTANT; //输出其属性值
?>
```

程序运行结果如图11-1所示。

图 11-1　【示例 11-5】运行结果

11.2.6 构造方法和析构方法

1. 构造方法

构造方法是类的一种特殊的方法,它的主要作用是完成对新对象的初始化。

构造方法的特点为:

- 没有返回值。
- 在创建一个新对象时,系统会自动调用该类的构造方法完成对新对象的初始化。

构造方法定义的语法格式为:

```
修饰符 function __construct()
{
  //code
}
```

说明：
- 一个类里面默认有一个不带参数的构造方法，一旦自定义一个构造方法，就会覆盖默认的构造方法。所以，一个类有且只有一个构造方法。
- 一个类只能有一个构造方法（不能重载）。
- 构造方法默认的访问修饰符为public。

2. this关键字

this代表当前对象。可以理解为：谁调用它，它就代表谁。this如果在类定义中使用，只能用在类定义的方法中。

【示例11-6】this关键字。

代码会优先执行构造方法，然后再执行调用，代码如下：

示例 11-6

```php
<?php
  header("Conter-Type:text/html;charset=utf-8");
  class Person
  {
   public $name; //成员变量
   public $age;
   // function __construct()
   //{
   //  echo "不带参数的构造方法";
   //}
   function __construct($name,$age)
   {
     $this -> name = $name;
     $this -> age = $age;
     echo "带参数的构造方法"."<br />";
   }
   //成员方法
   function view()
   {
    //this的引用
     echo "姓名:".$this ->name."，年龄:".$this ->age;
   }
```

}
　　//new一个新的对象
　//$p = new Person();
　　$p2 = new Person("李四",13);
　　$p2 ->view();
?>

程序运行结果如图11-2所示。

图11-2 【示例11-6】运行结果

3. 析构方法

析构方法是PHP 5引入的概念，其主要作用是释放资源，如释放数据库链接、图片资源等。析构方法的语法格式为：

function __destruct(){}

说明：

析构方法没有返回值，其主要作用是释放资源，并不是销毁对象本身。在销毁对象前，系统自动调用该类的析构方法。一个类最多只有一个析构方法。

【示例11-7】 析构方法。

在代码执行完毕之前，会执行一次析构方法__destruct()，代码如下：

示例 11-7

```php
<?php
    header("Conter-Type:text/html;charset=utf-8");
    class Person
    {
      public $name;
      public $age;
      //构造方法
      function __construct($name,$age)
      {
        $this ->name = $name;
        $this ->age = $age;
      }
```

```
    //析构方法
    function __destruct()
    {
        echo "姓名:".$this->name.", 年龄".$this->age."-->销毁<br />";
    }
}
$p1= new Person("小一",18);
$p2= new Person("小二",17);
?>
```

程序运行结果如图11-3所示。

图 11-3　【示例 11-7】运行结果

通过上面的程序，可以总结出如下两点。
- 析构方法会自动调用，调用的顺序是先创建的对象后被销毁。
- 当一个对象没有引用，被垃圾回收机制确认为垃圾时，会调用析构方法。

11.2.7　继承和多态的实现

在继承中用parent代指父类，用self代指自身；使用"::"运算符调用父类方法，该运算符还用来作为类常量和静态方法的调用操作符。继承最大的优点就是扩展简单，但是其缺点也不少，所以在设计时需要慎重考虑。

多态的英文为polymorphism，是指同一个实体同时具有多种不同的形态。多态是面向对象程序设计的一个重要特征，如果一种语言只支持类而不支持多态，说明该语言是基于对象的，而不是面向对象的。PHP是面向对象的Web开发语言，因此PHP是支持多态的。多态按字面意思理解就是"多种形态"。同一操作作用于不同的对象，可以有不同的解释，产生不同的执行结果。在面向对象程序设计语言中，接口的多种不同的实现方式即为多态。多态指一个对象不仅仅可以以本身的类型存在，也可以作为其父类类型存在。多态是允许用户将父对象设置成一个或更多的它的子对象的技术，赋值之后，父对象就可以根据当前赋值给它的子对象的特性以不同的方式运作。简言之，就是允许将子类对象指向父类的引用。PHP是一种弱类型的编程语言，其变量的使用无须先声明，即不必指明变量的数据类型，故在子类指向父类的引用时亦无须声明对象的数据类型。

把不同的子类对象都当作父类来看，可以屏蔽不同子类对象之间的差异，写出通用的代码，做出通用的程序模块，以适应需求的不断变化。例如，某个基类继承出多个子类，基类有一个方法echoVoice，其子类也都有这个方法，但行为不同；这些子类对象可以赋给其基类对象的引用，这样基类的对象就可以执行不同的操作了。实际上就是通过基类来访问其子类对象。整体来看，多态可以减少代码冗余，增加代码的运行效率。

多态的实现有3个条件：首先必须有继承，即必须有父类（基类）及其派生的子类；其次必须有父类的引用指向子类的对象，这是实现多态最重要的一个条件；最后必须有方法的重写，即子类必须对父类的某些方法根据自己的需求进行重写，但方法名和参数都是相同的。

类的继承通过extends关键字来实现，其语法格式为：

class 子类名 extends 父类名 {……}

子类继承了父类，那么就拥有了父类的属性和方法。子类拥有父类的所有属性，还可以有自己独有的属性。

【示例11-8】 继承和多态的实现。

用MyObject类生成两个子类：Book和Elec，在两个子类中分别改写父类的方法，然后实例化两个对象c_book和h_elec，并输出两个对象所对应的信息，代码如下：

示例 11-8
```php
<?php
/*父类*/
class MyObject {
    public $object_name; //名称
    public $object_price; //价格
    public $object_num; //数量
    public $object_agio; //折扣
    function __construct($name, $price, $num, $agio) {
        $this->object_name = $name;
        $this->object_price = $price;
        $this->object_num = $num;
        $this->object_agio = $agio;
    }
    function showMe() {
        echo '这句话不会显示。';
    }
}
/* 子类Book */
class Book extends MyObject {
    public $book_type; //类别
    function __construct($type, $num) {
```

```php
    $this->book_type = $type;
    $this->object_num = $num;
  }
  function showMe() {
    return '本次新进' . $this->book_type . '图书' . $this->object_num . '<br>';
  }
}
/* 子类Elec */
class Elec extends MyObject {
  function showMe() {
    return '热卖商品' . $this->object_name . '<br>原价: ' . $this->object_price . '<br>特价: ' . $this->object_agio * $this->object_price;
  }
}
/* 实例化对象 */
$c_book = new Book('计算机类', 1000);
$h_elec = new Elec(' XX手机', 1200, 3, 0.8);
echo $c_book->showMe() . "<br>";
echo $h_elec->showMe();
?>
```

程序运行结果如图11-4所示。

图 11-4 【示例 11-8】运行结果

从上面示例可以得出以下结论。

- 子类继承了父类的所有成员变量和方法，包括构造函数，这就是继承的体现。
- 当子类对象被创建时，PHP会先在子类中查找构造方法。如果子类有自己的构造方法，PHP就会优先调用子类的构造方法；当子类没有自己的构造方法时，则PHP会调用其父类的构造方法。
- 子类重写了父类的方法showMe()，所以，虽然两个对象调用的都是showMe()方法，但返回的结果却是两个不同的信息，这就是多态的体现。

11.2.8 $this的用法

$this的含义是表示实例化后的具体对象。一般情况下通常是先声明一个类，然后用这个类去实例化对象。但是，在声明一个类的时候，如果想要在类本身内部使用本类的属性或者方法，应该如何实现呢？此时就需要用$this了。

【示例11-9】 $this的用法。

创建两个User对象，分别调用这两个对象，输出的内容为各自传入的值，代码如下：

示例 11-9
```php
<?php
class User
{
    public $name;
    function getName()
    {
        echo $this->name;
    }
}
$user1 = new User();
$user1->name = '张三';
$user1->getName();        //这里会输出张三
$user2 = new User();
$user2->name = '李四';
$user2->getName();        //这里会输出李四
?>
```

程序运行结果如图11-5所示。

图 11-5　【示例 11-9】运行结果

示例中创建了两个User对象，分别是$user1和$user2。当调用 $user1->getName(); 的时候，User类中成员方法的代码 echo $this->name; 就相当于 echo $user1->name;。

■11.2.9 访问修饰符

PHP中有3种访问修饰符，分别是public、protected和private。

（1）public（公共的）。

在PHP 5中，如果类没有指定成员的访问修饰符，默认就是public的访问权限。

（2）protected（受保护的）。

被声明为protected的成员，只允许该类的子类进行访问。

（3）private（私有的）。

被定义为private的成员，对于类内部所有成员都可见，没有访问限制，但对类的外部则不允许访问。

3种访问修饰符的作用域如表11-1所示。

表 11-1　修饰符的作用域

	public	protected	private
同一类中	✓	✓	✓
类的子类	✓	✓	
所有的外部成员	✓		

【示例11-10】 访问修饰符的应用。

分别使用3种修饰符定义了类的成员变量，并调用该类的对象，代码如下：

示例 11-10

```php
<?php
class Woman{
    public $name = "gaojin";
    protected $age = "22";
    private $height = "170";
    function info(){
        echo $this->name;
    }
    private function say(){
        echo "这是私有的方法";
    }
}
//$w = new Woman();
//echo $w->info();
//echo $w->name;//公共属性可以访问
//echo $w->age;// 受保护属性，报致命错误
//echo $w->height;// 受保护属性，报致命错误
//私有方法，访问出错
//$w->say(); // 私有方法，访问出错
```

```
class Girl extends Woman{
  // 可以重新定义父类的public和protected的方法，但不能定义private的方法
  //protected $name = "jingao"; // 可以重新定义
  function info(){
    echo $this->name;
    echo $this->age;
    echo $this->height;
  }
  function say(){
    //parent::say();//私有方法不能被继承，如果父类的say方法是protected，这里就不会报错
    echo "我是女孩";
  }
}
$g = new Girl();
$g->say();//正常输出，按子类定义的方法输出结果
//echo $g->height;//私有属性，无法访问，没有输出结果
//$g->info();//这时输出gaojin22， $height是私有属性，没有被继承
//$g->height ="12";//这里是重新定义 height属性，也重新赋值
//$g->info();//此时这里会输出gaojin2212
?>
```

程序运行结果如图11-6所示。

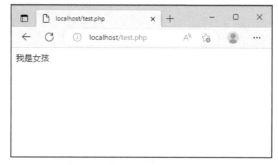

图11-6 【示例11-10】运行结果

11.2.10 静态方法（变量）

在类中访问静态方法有以下两种方法。
- self::静态方法名。
- 类名::静态方法名。

在类外访问静态方法有以下两种方法。
- 类名::静态方法名。
- 对象名->类方法名。

静态方法定义的语法格式为：

[访问修饰符] static function 方法名(){}

例如：

public static function school($i){}

说明：

使用静态方法不需要创建对象，可以直接访问该静态方法。当操作静态变量时，可以考虑使用静态方法，如统计所有学生交的学费。

> **提示**：普通的成员方法，既可以操作非静态变量，也可以操作静态变量。

【示例11-11】 静态变量的应用。

定义静态化的变量和方法，并定义了构造方法，然后实例化对象并输出值，代码如下：

```php
<?php
class Student
{
  public $name;
  //这里定义并初始化一个静态变量$free，用于存放学费
  public static $free=0;
  //构造函数
  function __construct($name,$ifree)
  {
    $this->name=$name;
    echo "<br>";
    echo $this->name."入学了，要交学费:".$ifree."元<br>";
  }
  //静态方法，新生入学，上交学费
  public static function enter_school($ifree)
  {
    self::$free+=$ifree;
  }
  //获取学费
  public static function getfree()
  {
    return self::$free;
  }
}
//静态方法不需要像普通成员方法一样要创建对象才可调用，可在不创建对象的情况下调用
//student::enter_school(10000);
//创建学生对象
$student1=new Student("小明",1000);
```

```
//通过对象名调用静态方法
$student1->enter_school(1000);
//通过类名调用静态方法，可将上一行注释掉而用下面一行的方法，两者选一即可
//student::enter_school(1000);
$student2=new Student("小东",2000);
$student2->enter_school(2000);
$student3=new Student("小亮",3000);
$student3->enter_school(3000);
echo "共收取学费".$student3->getfree()."元!<br>";
?>
```

程序运行结果如图11-7所示。

图 11-7　【示例 11-11】运行结果

11.3 PHP对象的高级应用

仅了解一些面向对象编程的基础知识是不够的，还必须了解一些面向对象的高级应用，才能熟练地使用PHP进行程序设计。

11.3.1　final关键字

在PHP中，类的继承是使用最多的一个编程特性。通常先创建一个基类（父类），然后在其中定义一些基本的方法，在子类中可以扩展父类中的方法，但是在父类中的某些方法可能不希望被子类继承，因为这类方法如果被子类继承，可能会给程序带来一定的麻烦，所以就希望这个方法是"私有"的，是不能被继承的。在PHP中，使用final关键字修饰不想被继承的方法。

PHP中的final关键字可以修饰类，也可以修饰类中的方法。如果使用final关键字做修饰了，则被修饰的类或者方法将不能被扩展或者继承。如果在类前面使用了final修饰，就说明这个类不能被继承；如果在方法前使用了final关键字，就说明这个方法不能被覆盖。

【示例11-12】final关键字的应用。

使用final修饰BaseClass类，然后定义子类继承该类时，系统就会报错，代码如下：

示例 11-12

```php
<?php
  final class BaseClass {
    public function test() {
      echo "BaseClass::test() called\n";
    }
    // 这里无论是否将方法声明为final都没有关系
    final public function moreTesting() {
      echo "BaseClass::moreTesting() called\n";
    }
  }
  class ChildClass extends BaseClass {
  }
?>
```

程序运行结果如图11-8所示。

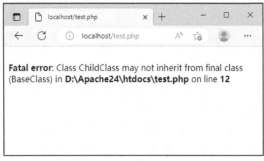

图 11-8 【示例 11-12】运行结果

如果类或者方法使用了final关键字修饰，则意味着该类不能被继承或者子类不能覆盖父类的方法。运行上述代码，系统会报错，这是因为子类ChildClass是无法继承BaseClass类的。

11.3.2 抽象类

在面向对象编程的语言中，一个类可以有一个或多个子类，而每个类都至少有一个公有方法作为外部代码访问它的接口。抽象方法是为了方便继承而引入的，下面介绍抽象类和抽象方法的定义和用途。

在类中定义的没有方法体的方法就是抽象方法。所谓没有方法体是指在方法声明的时候没有大括号及其中的内容，只是直接在声明时在方法名后加上分号结束；另外，在声明抽象方法时前面还要加一个关键字"abstract"来修饰。定义抽象方法的语法格式为：

abstract function 方法名()

例如：

abstract function fun1();
abstract function fun2();

方法fun1()和fun2()都是抽象方法。注意，抽象方法名后面一定要有一个分号。

只要一个类里面有一个方法是抽象方法，那么这个类就要定义为抽象类。抽象类的定义也要使用"abstract"关键字，在抽象类中可以有不是抽象的方法和成员属性。

例如：

abstract class Demo{
var $test;
abstract function fun1();

```
    abstract function fun2();
}
```

本例中定义了一个抽象类Demo，在这个类中定义了一个成员属性$test，还有两个抽象方法fun1()和fun2()。

需要重点说明的是，抽象类不能产生实例对象，所以不能直接使用。定义抽象类相当于定义了一种规范，这种规范要求子类去遵守，子类继承抽象类之后，把抽象类里面的抽象方法按照子类的需要去实现。子类必须把父类中的抽象方法全部实现，否则子类中还存在抽象方法，那么子类还是抽象类，还是不能实例化。

【示例11-13】 抽象类的使用方法。

创建一个商店类BaseShop，在此类中定义一些方法，之后定义一个子类BallShop继承这个BaseShop类并实现其方法，代码如下：

示例 11-13

```php
<?php
abstract class BaseShop  // 抽象类
{
    public function buy($gid)
    {
        echo('你购买了ID为 :'.$gid.'的商品');
    }
    public function sell($gid)
    {
        echo('你卖了ID为 :'.$gid.'的商品');
    }
    public function view($gid)
    {
        echo('你查看了ID为 :'.$gid.'的商品');
    }
}
class BallShop extends BaseShop  // 定义子类
{
    var $itme_id = null;
    public function __construct()
    {
        $this->itme_id = 2314;
    }
    public function open()
    {
        $this->sell($this->itme_id);
```

        }}
?>
```

示例中定义了一个商店类BaseShop，抽象出了它所有的操作部分，买（buy）、卖（sell）、看（view），并在抽象类声明中都实现了这些方法，则继承它的子类就自动获得了这些方法，子类定义中就只需做它自己独特的操作，从而避免代码的重复，提高代码的复用性。

抽象类就像一个类的服务提供商，拥有众多服务，不需要一定都要使用，当需要的时候就可以继承使用。

### 11.3.3 接口的使用

接口是PHP面向对象程序设计中非常重要的一个概念。在PHP中，用于限定某个对象所必须拥有的公共操作方法的一种结构，称之为接口（interface）。接口就是对象中用于公共操作的方法（公共操作方法的集合）。

接口定义的语法格式为：

```
interface 接口名
{
公共操作方法列表
}
```

定义接口结构必须使用interface关键字。接口内定义的都是一些公共方法。在接口定义中，需要注意以下几点。

- 接口方法，访问权限必须是公共的public。
- 接口内只能有公共方法，不能存在成员变量。
- 接口内只能含有未被实现的方法，也叫抽象方法，但是不用abstract关键字。

【示例11-14】 接口的定义。

在类中定义了接口I_Goods，代码如下：

示例11-14

```
<?php
interface I_Goods
{
public function sayName();
public function sayPrice();
}
?>
```

接口定义好之后，如何使用呢？一般是先通过定义继承接口的类，在类中实现接口的方法；然后再通过这样的类对象实现对接口中方法的调用。
```

【示例11-15】 使用**implements**实现接口。

定义接口后，需要使用关键字implements来实现接口中的方法，且必须完全实现，代码如下：

示例 11-15

```php
<?php
interface I_Goods   //接口定义
{
public function sayName();
public function sayPrice();
}
class Goods implements I_Goods    //接口实现
{
public function sayName()
{
}
public function sayPrice()
{
}
}
?>
```

要实现继承接口的类，必须实现接口内所有的抽象方法，而且该方法一定是公共的外部操作方法。

在PHP中，接口也可以继承接口。虽然PHP中的类只能继承一个父类（单继承），但是接口和类不同，接口可以实现多继承，即可以继承一个或者多个接口。当然，接口的继承也是使用extends关键字，要实现多个接口继承，只要用逗号把继承的接口分隔开即可。需要注意的是，当一个接口继承其他接口的时候，是直接继承父接口的抽象方法，所以类实现接口时必须实现所有相关的抽象方法。

【示例11-16】 接口之间的相互继承。

实现接口之间的相互继承，代码如下：

示例 11-16

```php
<?php
interface I_Goods  //接口定义
{
public function sayName();
public function sayPrice();
}
interface I_Shop extends I_Goods // 继承了I_Goods接口的接口
{
public function saySafe();
```

```
}
class Goods implements I_Shop  // 继承了接口的类
{
public function sayName()
{
}
public function sayPrice()
{
}
public function saySafe()
{
}
}
?>
```

11.3.4 克隆对象

有时需要在一个项目里面使用两个或多个一样的对象,如果每次都使用new操作重新创建对象,然后再赋值给相同的属性,这样做比较烦琐而且也容易出错。所以,可以根据一个对象克隆出一个一模一样的对象,这是非常有必要的。对象克隆以后,两个对象互不干扰。

PHP中使用clone关键字克隆对象,其语法格式为:

destinationObject = clone targetObject

参数说明:

- destinationObject:需要使用克隆的对象,是克隆对象的副本。
- targetObject:被克隆的对象,是克隆的源。

克隆的目的就是将targetObject克隆后,创建一个对象副本destinationObject。

【示例11-17】克隆对象的方法。

使用clone克隆对象,并调用原对象中的方法,打印原对象中的全部属性值,代码如下:

示例 11-17

```
<?php
class Person {
    var $name;
    var $sex;
    var $age;
    function __construct($name, $sex, $age) {
        $this->name = $name;
        $this->sex = $sex;
        $this->age = $age;
```

```
    }
  function say() {
    echo "我的名字: " . $this->name . ", 性别: " . $this->sex . ", 年龄: " . $this->age . "<br />";
    }
}
$person1 = new Person("张三三", "男", 23);
$person2 = clone $person1; //使用clone关键字克隆/复制对象，创建一个对象的副本
$person3 = $person1; //这不是复制对象，而是为对象多复制出一个访问该对象的引用
$person1->say(); //调用原对象中的say()方法，打印原对象中的全部属性值
$person2->say(); //调用克隆对象中的say()方法，打印克隆对象中的全部属性值
$person3->say(); //调用原对象中的say()方法，打印原对象中的全部属性值
?>
```

程序运行结果如图11-9所示。

图 11-9　【示例 11-17】运行结果

__clone()方法是在对象克隆时自动调用的方法，用__clone()方法将建立一个与原对象拥有相同属性和方法的对象，如果想在克隆后改变原对象的内容，需要在__clone()方法中重写原本的属性和方法，__clone()方法可以没有参数，它自动包含$this和$that两个指针，$this指向副本，而$that指向原本。

■11.3.5 对象比较

当使用比较运算符（==）比较两个对象变量时，比较的原则是：如果两个对象的属性和属性值都相等，而且两个对象是同一个类的实例，那么这两个对象变量相等。如果使用全等运算符（===），则这两个对象变量一定要指向某个类的同一个实例（即同一个对象）。

【示例11-18】对象比较的应用。

创建两个对象，使用全等运算符对两个对象进行比较，之后对其中一个对象赋值再进行比较，代码如下：

示例 11-18

```
<?php
class Person{
        public $name = "NickName";
```

```
}
//分别创建两个对象
$p = new Person();
$p1 = new Person();
//比较对象
if($p == $p1)
{
        echo '$p 和 $p1 内容一致。';
}
else
{
        echo '$p 和 $p1 内容不一致。';
}
echo '<br>';

$p->name = 'Gonn';
if($p == $p1)
{
        echo '$p 和 $p1 内容一致。';
}
else
{
        echo '$p 和 $p1 内容不一致。';
}
?>
```

程序运行结果如图11-10所示。

图 11-10 【示例 11-18】运行结果

11.3.6 对象类型检测

使用instanceof关键字可以确定一个对象是类的实例、类的子类还是实现了某个操作的特定接口,并进行相应的操作。在某些情况下,想确定某个类是否是特定的类,或者是否实现了特定的接口,instanceof操作符非常适合完成此任务。instanceof操作符会检查3件事情:实例是否是某个特定的类;实例是否从某个特定的类继承;实例或者它的任何祖先类是否实现了特定的接口。

例如:

```
//检测名为manager的对象是否为类Employee的实例
$manager = new Employee();
...
if ($manager instanceof Employee)
  echo "Yes";
```

类名没有任何定界符（引号），使用定界符将导致语法错误。如果比较失败，脚本将退出执行。在同时处理多个对象时，instanceof关键字特别有用，可以使用case语句配合instanceof关键字来实现这个目标。

【示例11-19】用instanceof运算符进行对象类型检测。

用instanceof运算符在操作前先进行类型判断，以保障代码的安全性，代码如下：

示例 11-19

```php
<?php
class User{
        private $name;
        public function  getName(){
                return "UserName is ".$this->name;
        }
}
class NormalUser extends User {
        private $age = 99;
        public function getAge(){
                return "age is ".$this->age;
        }
}
class UserAdmin{ //定义一个UserAdmin类
        public static function  getUserInfo(User $_user){
                if($_user instanceof  NormalUser ){
                        echo $_user->getAge();
                }else{
                        echo "类型不对,不能使用这个方法.";
                }
        }
}
$User = new User(); // 这里实例化一个User对象
UserAdmin::getUserInfo($User);
?>
```

程序运行结果如图11-11所示。

图 11-11　【示例 11-19】运行结果

11.3.7 魔术方法（__）

在面向对象编程中，PHP提供了一系列的魔术方法，这些魔术方法为编程提供了很多便利。PHP中的魔术方法通常以__（两个下划线）开始，并且不需要显式的调用而是由某种特定的条件出发。

1. __get()

__get()魔术方法的作用是属性重载。

在尝试访问一个不存在的属性时，魔术方法__get()会被调用。它接收一个参数，该参数表示访问属性的名字，并且将该属性的值返回。

【示例11-20】 __get()魔术方法。

Device类中的data属性起到了属性重载的作用，代码如下：

示例 11-20

```php
<?php
    class Device {
      public function __get($name) {
        if(array_key_exists($name, $this->data)) {
          return $this->data[$name];
        }
        return null;
      }
    }
?>
```

2. __set()

__set()魔术方法在尝试修改一个不可访问的属性时会被调用。

【示例11-21】 __set()魔术方法。

__set()魔术方法接收两个参数，一个表示属性的名字，另一个表示属性的值，代码如下：

示例 11-21

```php
<?php
class Device {
  public function __set($name, $value) {
    $this->data[$name] = $value;
  }}
?>
```

3. __isset()

在对一个不可访问的属性调用isset()方法时，__isset()魔术方法会被调用。

【示例11-22】__isset()魔术方法。

__isset()魔术方法接收一个参数，表示属性的名字。它应该返回一个布尔值，用于表示该属性是否存在，代码如下：

```php
<?php
class Device {
    public function __isset($name) {
        return array_key_exists($name, $this->data);
    }
}
?>
```

4. __unset()

在调用unset()函数销毁一个不能访问的属性时，__unset()魔术方法会被调用，它接收一个参数，表示属性的名字。

【示例11-23】__unset()魔术方法。

如果调用unset()函数销毁一个通过引用传递的变量，则只是局部变量被销毁，而在调用环境中的变量将保持调用unset()函数之前的值，代码如下：

```php
<?php
function foo(&$bar) {
    unset($bar);
    $bar = "blah";
}
$bar = 'something';
echo "$bar\n";
foo($bar);
echo "$bar\n";
?>
```

程序运行结果如图11-12所示。

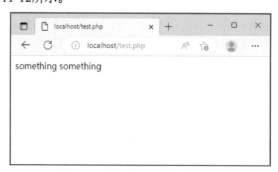

图11-12　【示例11-23】运行结果

5. __toString()

在将对象当作字符串一样使用时，__toString()魔术方法会被调用，它不接收任何参数。该方法允许定义对象的表现形式。

【示例11-24】__toString()魔术方法。

定义了一个类Haha，Haha实现了一个魔术方法__toString()，这个__toString()方法直接调用另一个方法，然后返回一个字符串，而且__toString()魔术方法只能返回一个字符串，代码如下：

示例11-24

```php
<?php
class Haha
{
    public function __toString()
    {
        return $this->test();
    }
    protected function test()
    {
        return 'hehe';
    }
}
$aa = new Haha();
echo $aa;exit;//注意，只有echo语句才会输出字符串
?>
```

6. __set_state()

静态魔术方法__set_state()，在使用var_export()函数输出对象时会调用该方法。

【示例11-25】静态魔术方法__set_state()。

__set_state()方法是静态方法，与var_export()函数结合使用。var_export()函数输出有关变量的结构化信息。使用此函数导出类时，需要在类中定义__set_state()方法。代码如下：

示例11-25

```php
<?php
class Battery {
    //…
    public static function __set_state(array $array) {
        $obj = new self();
        $obj->setCharge($array['charge']);
        return $obj;
    }
    //…
}
?>
```

7. __clone()

__clone()方法不能够直接被调用,只有当通过clone关键字克隆一个对象时才可以使用该对象调用__clone()方法。当创建对象的副本时,PHP会检查__clone()方法是否存在。如果不存在,那么它就会调用默认的__clone()方法,复制对象的所有属性。如果__clone()方法已经定义过,那么__clone()方法就会按新定义的__clone()方法设置新对象的属性。所以,在自定义__clone()方法中,只需要覆盖那些需要更改的属性就可以了。

【示例11-26】__clone()魔术方法。

定义__clone()方法时不需要任何参数,代码如下:

示例 11-26

```php
<?php
class Website{
    public $name, $url;
    public function __construct($name, $url){
        $this -> name = $name;
        $this -> url  = $url;
    }
    public function output(){
        echo $this -> name.',  '.$this -> url.'<br>';
    }
    public function __clone(){
        $this -> name = 'php官网';
        $this -> url  = 'https://www.php.net/';
    }
}
$obj  = new Website('MySQL官网', 'https://www.mysql.com/');
$obj2 = clone $obj; //使用clone时触发__clone()魔术方法
$obj  -> output();
$obj2 -> output();
?>
```

程序运行结果如图11-13所示。

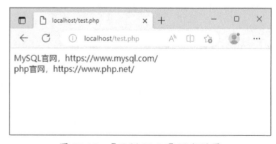

图 11-13 【示例 11-26】运行结果

8. __sleep()

序列化是指任意数据转换为字符串格式的过程。序列化通常用于将整个对象存入数据库或写入文件中。当反序列化存储数据时可以得到序列化之前的对象。但是，并不是所有的数据都可以被序列化，如数据库连接。幸运的是，有一个魔术方法可以解决这个问题。

在对一个对象序列化（调用serialize()方法）时，魔术方法__sleep()会被调用。它不接收任何参数，而且会返回一个包含所有应该被序列化的属性的数组。在该魔术方法中，也可以执行一些其他操作。

需要注意的是，不要在该函数中进行任何析构操作，因为这可能会影响正在运行的对象。

【示例11-27】 __sleep()魔术方法。

创建一个Device类，定义__sleep()魔术方法将姓名、年龄信息转化为字符串，代码如下：

示例11-27

```php
<?php
class Device {
    public $name;
    public $age;
    //...
    public function __sleep() {
        return array('name', ' age ',);
    }
    //...
}
?>
```

9. __wakeup()

在对存储的对象反序列化时，__wakeup()魔术方法会被调用。它不接收任何参数，也没有任何返回值。使用serialize()序列化的时候，会检测类中是否有__wakeup()魔术方法，如果有就会先调用__wakeup()魔术方法，执行一些初始化操作。

【示例11-28】 __wakeup()魔术方法。

魔术方法__wakeup()在对存储的对象反序列化时会被调用，可以用它来处理在序列化时丢失的数据库连接或资源，代码如下：

示例11-28

```php
<?php
class Device {
    //...
    public function __wakeup() {
        $this->connect();
    }
    //...
}
?>
```

10. __invoke()

在尝试将对象作为函数使用时，__invoke()魔术方法会被调用。在该方法中定义的任何参数，都将被作为函数的参数使用。

【示例11-29】__invoke()魔术方法。

使用魔术方法__invoke()可以在创建实例后直接调用该对象，代码如下：

示例 11-29

```php
<?php
class TestClass
{
public function __invoke()
{
print "hello world";
}
}
$n = new TestClass;
$n();
?>
```

程序运行结果如图11-14所示。

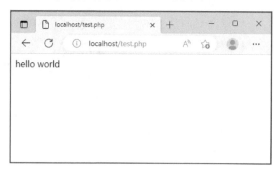

图 11-14 【示例 11-29】运行结果

课后作业

（1）声明类常量并赋值，使用self访问常量。
（2）静态化变量和方法，并定义构造方法，然后实例化对象并输出值。
（3）创建两个对象，使用全等运算符对两个对象进行比较，之后对其中一个对象赋值再进行比较。

第12章 数据库的应用

内容概要

PHP只有与数据库结合,才能发挥出动态网站编程语言的全部功能,本章将详细介绍MySQL数据库的基础知识。通过对本章内容的学习,读者不但可以掌握操作MySQL数据库的方法,还可以利用数据库进行一些数据操作。

数字资源

【本章实例源代码来源】:"源代码\第12章"目录下

12.1 MySQL概述

MySQL是一个关系型数据库管理系统，由瑞典MySQL AB公司开发，目前属于Oracle旗下产品。在Web应用方面，MySQL是一个很好用的关系数据库管理系统（relational database management system，RDBMS）应用软件。

关系数据库是将数据保存在不同的表中，而不是将所有数据放在一个大仓库内，这样就提高了数据处理的速度和灵活性。

MySQL所使用的SQL语言是用于访问数据库的最常用的标准化结构查询语言。由于该软件体积小、速度快、总体拥有成本低，尤其是开放源码这一特点，一般中小型网站的开发往往倾向于选择MySQL作为网站数据库。MySQL软件采用双授权政策，分为社区版和商业版。由于其社区版的性能卓越，搭配PHP和Apache可组成良好的开发环境。

MySQL数据库系统的特点如下：
- 使用C和C++编写，并使用了多种编译器进行测试，保证了源代码的可移植性。
- 支持AIX、FreeBSD、HP-UX、Linux、MacOS、OpenBSD、OS/2 Wrap、Solaris、Windows等多种操作系统。
- 为多种编程语言提供了API。这些编程语言包括C、C++、Python、Java、Perl、PHP、Eiffel、Ruby和Tcl等。
- 既能够作为一个单独的应用程序应用在客户端服务器网络环境中，也能够作为一个库嵌入到其他的软件中。
- 提供多语言支持，常见的编码（如中文的GB2312、BIG5及日文的Shift_JIS等）都可以用作数据表名和数据列名。
- 提供用于管理、检查、优化数据库操作的管理工具。
- 支持大型的数据库，可以处理拥有上千万条记录的大型数据库。
- MySQL对PHP有很好的支持，PHP是目前最流行的Web开发语言之一。

12.2 启动、连接、断开和停止MySQL服务器

通过系统提示符或者系统服务器都可以实现对MySQL服务器的启动、连接、断开等操作，但在操作的时候，不要关闭数据库。

12.2.1 启动MySQL服务器

启动MySQL服务器的方法有两种：系统服务方式和命令方式。

1. 通过系统服务器启动MySQL服务器

如果MySQL在Windows系统上提供服务，可以在"开始"菜单中搜索关键字"服务"打开Windows的服务管理器。在服务的列表中找到mysql服务并右击，在弹出的菜单中选择"启动"选项启动MySQL，如图12-1所示。

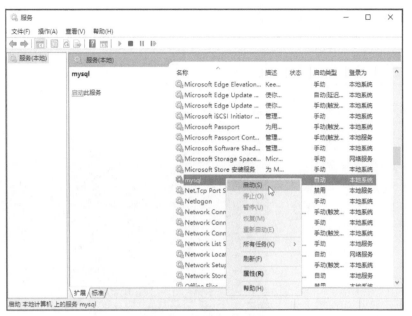

图 12-1　启动 mysql 服务

2. 在命令提示符界面启动MySQL服务器

选择"开始"→"运行"命令，在弹出的"运行"对话框中输入命令cmd，按【Enter】键进入命令提示符界面，输入如下命令。

net start mysql

按【Enter】键即可启动MySQL服务器，如图12-2所示。

图 12-2　命令方式启动 MySQL 服务器

12.2.2　连接和断开MySQL服务器

MySQL服务器的连接与断开的有关命令与知识介绍如下所述。

1. 连接MySQL服务器

连接MySQL服务器可通过mysql命令实现。在MySQL服务器启动后，选择"开始"→"运行"命令，在弹出的"运行"对话框中输入命令cmd，按【Enter】键进入命令提示符界面，在命令提示符界面输入如下命令。

mysql -h localhost -u root -p

按【Enter】键进入MySQL数据库。其中，-h表示服务器名，localhost表示本地，-u表示数据库用户名，root是MySQL默认用户名，-p为密码。如果用户名设置了密码，也可直接在-p后接着输入密码，例如，-p123456；用户如果没有设置密码，在显示"Enter password"时，直接按【Enter】键即可。

> **提示**：如果MySQL没有安装在C盘中，则需要先使用DOS命令进入MySQL的安装目录下的bin目录中。

以作者本人的机器为例，进入命令提示符界面后先输入D:进入D盘，再输入cd D:\ mysql\bin命令进入MySQL的bin目录中（因作者的机器将MySQL系统安装在D盘的），然后再输入mysql -h localhost -u root -p，启动本机安装的MySQL服务器，如图12-3所示。

2. 断开MySQL服务器

连接到MySQL服务器后，可以通过在MySQL提示符下输入exit或quit命令断开MySQL连接。命令格式为：

mysql>quit

或

mysql>exit

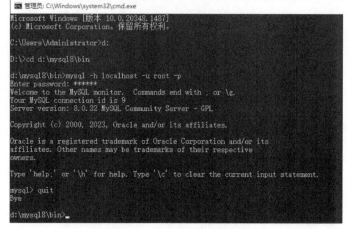

图 12-3　启动 MySQL 服务器

12.2.3　停止MySQL服务器

停止MySQL服务器的方法有两种：系统服务方法和命令方法。下面介绍每种方法的操作流程。

1. 通过系统服务停止MySQL服务器

如果mysql是作为Windows系统的一种服务，则可以通过选择"开始"→"Windows管理工具"→"服务"命令，打开Windows服务管理器，在服务列表中找到并右击mysql服务，在弹出的快捷菜单中选择"停止"命令，即可停止mysql服务，如图12-4所示。

2. 在命令提示符界面停止MySQL服务器

选择"开始"→"运行"命令，在弹出的"运行"对话框中输入cmd命令，进入命令提示符界面，输入命令为：

net stop mysql

图 12-4　停止 mysql 服务

按【Enter】键即可停止MySQL服务器，如图12-5所示。

图 12-5　停止 MySQL 服务器

12.3 MySQL的数据库操作

启动MySQL数据库后，就可以对数据库进行各种操作了。数据库操作包含的内容很多，本章重点介绍MySQL数据库的库操作、表操作、数据库的备份与恢复，以及PHP操作MySQL数据库的方法等内容。

12.3.1 创建数据库（CREATE DATABASE）

MySQL中使用CREATE DATABASE命令实现数据库的创建。

创建数据库命令的语法格式为：

CREATE DATABASE 数据库名 [其他选项];

例如，要创建一个名为"db"的数据库，在命令提示符界面中需要执行以下语句。

CREATE DATABASE db character set gbk;

语句执行结果如图12-6所示。

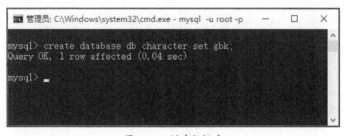

图 12-6　创建数据库

为了便于在命令提示符下显示中文，在创建时通过character set gbk将数据库字符编码指定为gbk。数据库创建成功会在命令提示符界面显示"Query OK, 1 row affected(0.36 sec)"的响应信息。

> ❶ 提示：MySQL语句以分号（;）作为语句的结束，若在语句结尾不添加分号时，命令提示符会以"->"提示用户继续输入。

■12.3.2 查看数据库（SHOW DATABASES）

成功创建数据库后，可以使用SHOW DATABASES命令查看已经创建的数据库。使用show databases;语句可以查看MySQL服务器中已创建的所有数据库名称，如图12-7所示。

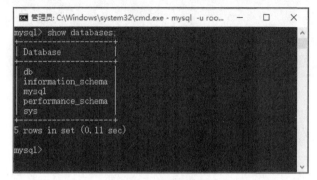

图12-7 查看数据库

■12.3.3 选择数据库（USE DATABASE）

要对一个数据库进行操作，必须先选择该数据库，否则会提示以下错误信息。

ERROR 1046(3D000): No database selected

选择数据库命令的语法格式为：

USE 数据库名;

在登录后使用USE语句指定，USE语句可以不加分号。执行 USE db;语句选择刚刚创建的数据库"db"，选择成功后会显示提示信息：Database changed，如图12-8所示。

图12-8 选择数据库

■12.3.4 删除数据库（DROP DATABASE）

使用普通用户登录MySQL服务器，可能需要特定的权限才能创建或者删除MySQL数据库。执行删除数据库的操作务必要十分谨慎，因为执行删除命令后，所有数据都会消失。删除数据库可以使用DROP DATABASE命令。

删除数据库命令的语法格式为：

DROP DATABASE 数据库名;

删除数据库"db"的命令及结果如图12-9所示。

图 12-9 删除数据库

12.4 MySQL的数据表操作

表是MySQL数据库的最主要的操作对象，对表的操作也有很多，包括创建、查看、修改、删除等。

12.4.1 创建数据表（CREATE TABLE）

MySQL中创建数据表需要表名、表字段名及定义每个表字段等信息。

创建数据表命令的语法格式为：

```
CREATE TABLE [IF NOT EXISTS] table_name(
column_definition1,
column_definition2,
……,
table_constraints
);
```

也可简写为：

```
CREATE TABLE table_name (column_name column_type);
```

参数说明：

- table_name：它是新表的名称，在MySQL数据库中是唯一的。IF NOT EXISTS表示如果当前数据库中已经存在一个同名的表，将不会执行该语句，从而避免了系统报错。
- column_definition$i$：它定义列的名称和每列的数据类型。表定义中的列由逗号运算符分隔。列定义的语法为：column_name data_type(size)[NULL|NOT NULL] 。
- table_constraints：它指定表的约束，如PRIMARY KEY、UNIQUE KEY、FOREIGN KEY、CHECK等。

例如，在"db"数据库中创建数据表"runoob_tbl"，命令如下：

```
CREATE TABLE IF NOT EXISTS `runoob_tbl`(
   `runoob_id` INT UNSIGNED AUTO_INCREMENT,
   `runoob_title` VARCHAR(100) NOT NULL,
   `runoob_author` VARCHAR(40) NOT NULL,
   `submission_date` DATE,
   PRIMARY KEY ( `runoob_id` )
)ENGINE=InnoDB DEFAULT CHARSET=utf8;
```

语句执行结果如图12-10所示。

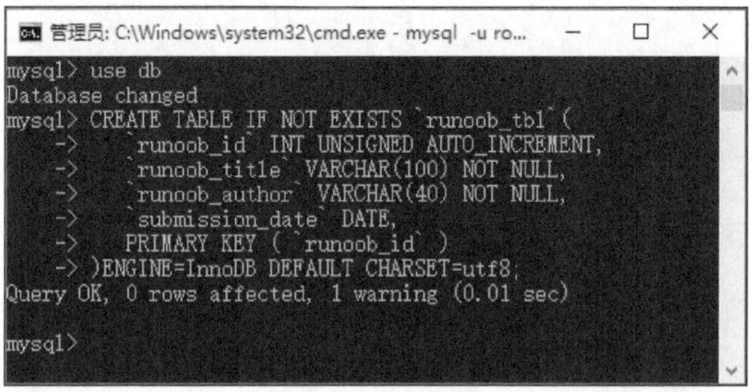

图12-10 创建表

说明：
- 若不设置字段为NULL，则可以设置字段的属性为NOT NULL，这样设置，在操作数据库时如果输入该字段的数据为NULL时，系统会报错。
- AUTO_INCREMENT：表示列为自增列，列的数值会自动加1，一般用于主键。
- PRIMARY KEY：用于定义列为主键。可以设定多列为主键，列间以逗号分隔。
- ENGINE：设置存储引擎。
- CHARSET：设置编码。

> 说明：创建MySQL的表时，表名和字段名外面的符号`不是单引号，而是英文输入法状态下的反单引号，也就是键盘左上角【ESC】按键下面的那一个【~】按键。
>
> 反引号是为了区分MySQL关键字与普通字符而引入的符号，一般情况下表名与字段名都使用反引号括起来。

■12.4.2 查看表结构（SHOW COLUMNS或DESCRIBE）

对于成功创建后的数据表，可以使用SHOW COLUMNS或DESCRIBE命令查看数据表结构。

1. SHOW COLUMNS命令

命令的语法格式为：

SHOW [FULL] COLUMNS FROM 数据表名 [FROM 数据库名]；

例如，使用SHOW COLUMNS命令查看数据表"runoob_tbl"的表结构，如图12-11所示。

2. DESCRIBE命令

命令的语法格式为：

DESCRIBE 数据表名；

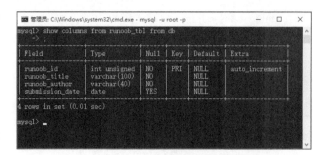

图12-11 查看数据表结构

说明：

DESCRIBE可以简写成DESC，用于查看表的结构，表结构分为Filed（字段名）、Type（数据类型）、Null（是否可为空）、Key（是否为主键）、Default（默认值）、Extra（扩展属性）这几项。在查看表结构时，也可以只查看某一列的结构信息。

例如，使用DESCRIBE命令查看数据表"runoob_tbl"的表的结构信息，如图12-12所示。

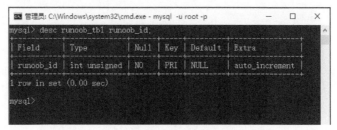

图 12-12　查看数据表结构中的某一列的结构信息

12.4.3　修改表结构（ALTER TABLE）

ALTER TABLE允许修改表信息：可以增加或删减字段，更改字段的数据类型、属性或名称，创建或取消索引，甚至还可以更改表的评注和表的类型。因功能复杂，ALTER TABLE有多种语法格式，下面介绍几种常用的格式。

（1）添加字段的语法。

ALTER TABLE <表名> ADD <新字段名> <数据类型> [约束条件] [FIRST|AFTER 已存在的字段名]

参数说明：

<新字段名>为需要添加的字段的名称；FIRST为可选参数，其作用是将新添加的字段设置为表的第1个字段；AFTER为可选参数，其作用是将新添加的字段添加到指定的已存在的字段名的后面。

（2）修改字段数据类型的语法。

ALTER TABLE <表名> MODIFY <字段名> <数据类型>;

参数说明：

<字段名>指需要修改的字段的名称，<数据类型>指修改后字段的新数据类型。

（3）删除字段的语法格式。

ALTER TABLE <表名> DROP <字段名>;

参数说明：

<字段名>指需要从表中删除的字段的名称。

例如，使用ALTER TABLE修改表"runoob_tb1"，为其添加新字段"status"，语句如下：

ALTER TABLE runoob_tb1 ADD status TINYINT(1) UNSIGNED NULL;

语句执行结果如图12-13所示。

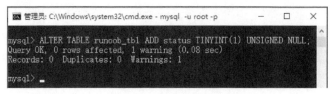

图 12-13　修改表结构

■12.4.4　重命名表（RENAME TABLE）

RENAME TABLE命令用于修改一个或多个表的名称，其语法格式为：

RENAME TABLE old_table_name TO new_table_name;

参数说明：

- old_table_name：旧表表名，必须是已经存在的表。
- new_table_name：新表表名，一定是不存在的。如果新表new_table_name确实已经存在，则该语句将执行失败。

除了表，还可以使用RENAME TABLE命令重新命名视图。在执行RENAME TABLE语句之前，必须确保不存在活跃的事务或表锁定。重命名表之前需要查看哪些应用程序正在使用这个旧表。如果确实需要更改表的名称，那么也要更改对应的引用该表名的数据库对象的名称，以及在应用程序代码中修改表的名称。此外，还要手动调整其他与此表有关的数据库对象，如视图、存储过程、触发器、外键约束等。

例如，将数据库"runoob_tbl"改名为"runoob"的操作语句为：

RENAME TABLE runoob_tbl TO runoob;

语句执行的结果如图12-14所示。

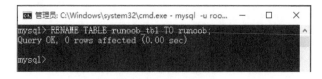

图 12-14　更改数据库名

■12.4.5　删除表（DROP TABLE）

MySQL中删除数据表是非常容易操作的，但是在进行删除表操作时要非常小心，因为一旦删除命令执行后，所有数据都会消失。

删除MySQL数据表命令的语法格式为：

DROP TABLE table_name;

例如，使用DROP TABLE命令删除数据表"runoob_tbl"，语句如下：

DROP TABLE runoob_tbl;

语句执行的结果如图12-15所示。

图 12-15 删除数据表

在删除数据表的过程中，若删除一个不存在的表将会产生错误，为避免出现这种错误，可以在删除语句中加入IF EXITSTS关键字。删除数据表语句的语法格式可改为：

DROP TABLE IF EXISTS 数据表名;

12.5 MySQL的数据操作

数据库和表创建好以后，就需要给表中添加数据了。表中的一行称为一条记录，对数据记录的操作包括添加、查看、修改、删除等操作。

■12.5.1 插入记录

MySQL中使用INSERT INTO命令向表中插入数据。该命令的通用语法格式为：

INSERT INTO table_name (field1, field2,…, fieldN)
　　　　　　VALUES
　　　　　　　　(value1, value2,…,valueN);

参数说明：
- table_name：表名称。
- field1, field2,…, fieldN：表的列名。
- value1, value2,…, valueN：列对应的值。

若数据是字符型，则必须使用单引号或者双引号括起来，如"value"。

例如，用INSERT INTO命令向MySQL数据表"runoob_tbl"中插入数据，语句如下：

INSERT INTO runoob_tbl
(runoob_title, runoob_author, submission_date)
VALUES
("PHP", "学习PHP", NOW());

语句执行结果如图12-16所示。

以上实例中的NOW()是一个MySQL函数，该函数用于返回当前的日期和时间。

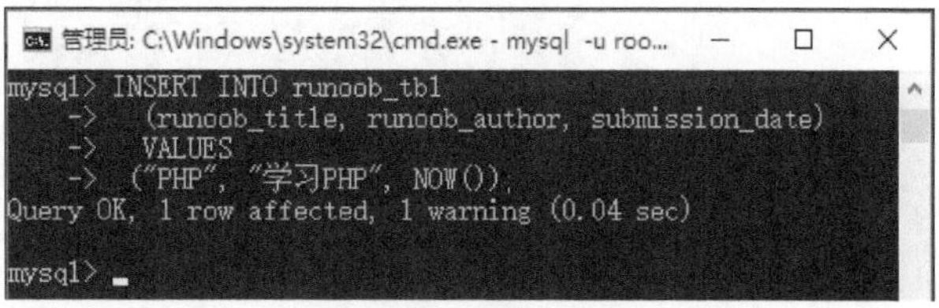

图 12-16 插入记录

注意：SQL语句对大小写不敏感。INSERT INTO与insert into相同。

INSERT语句一次可以插入多组值，每组值用一对圆括号括起来，用逗号分隔，例如：

insert into news(title,body,time) values('title 1','body 1',now()),('title 2','body 2',now());

12.5.2 查询数据库记录

SELECT命令常用来在数据库中根据一定的查询规则获取数据，其语法格式为：

SELECT 列名称 FROM 表名称 [查询条件];

参数说明：
- 列名称：要查询的列名称，可用通配符"*"表示所有列。
- 表名称：列所在的表的名称。
- 查询条件：可以使用"WHERE 列 运算符 值"的格式确定条件，其中，运算符包括：
  - =：等于。
  - <>：不等于。
  - >：大于。
  - <：小于。
  - >=：大于等于。
  - <=：小于等于。
  - BETWEEN：在某个范围内（包含）。
  - LIKE：按某种模式（模糊查询）搜索。

另外，AND和OR可在WHERE子语句中把两个或多个条件结合起来。格式为：

WHERE 列 运算符 值 AND/OR 列 运算符 值

例如，要查询"runoob_tbl"表中runoob_id字段的内容，查询语句如下：

SELECT runoob_id FROM runoob_tbl;

语句执行结果如图12-17所示。

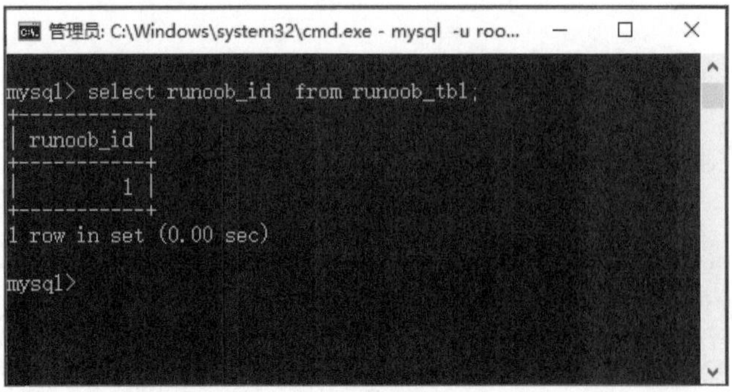

图 12-17　查询数据库记录

■12.5.3 修改记录

如果需要修改或更新MySQL表中的数据，就需要使用UPDATE命令来操作。

UPDATE命令的语法格式为：

UPDATE table_name SET field1=new-value1, field2=new-value2 [WHERE Clause];

参数说明：
- table_name：表名，用于指定要更新的表的名称。
- SET子句：用于指定表中要修改的列名及其列值。其中，每个指定的列值可以是表达式，也可以是该列对应的默认值。
- field1, field2：字段1的名称，字段2的名称，可接着设定更多的字段名称。
- new-value1, new-value2：新的值1，新的值2，可继续随着设定的字段设定对应的新的值。
- WHERE子句：可选项。用于限定表中要修改的行。若不指定，则修改表中所有的行。

说明：

UPDATE命令可以同时更新一个或多个字段，可以在WHERE子句中指定任何条件，还可以实现在一个单独表中同时更新数据。

例如，在UPDATE命令中使用WHERE子句更新"runoob_tbl"表中指定的数据，指定更新的数据为表中"runoob_id = 3"的记录的runoob_title字段值，语句如下：

UPDATE runoob_tbl SET runoob_title='学习 C++' WHERE runoob_id=3;

语句执行结果如图12-18所示。

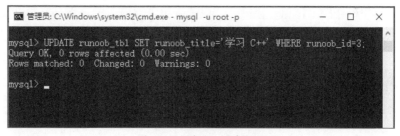

图 12-18　修改记录字段值

■12.5.4 删除记录

用户可以使用DELETE FROM命令删除MySQL数据表中的记录，其语法格式为：

DELETE FROM table_name [WHERE Clause];

参数说明：
- table_name：表的名称。
- 如果没有指定WHERE子句，表中的所有记录将被删除。
- 可以在WHERE子句中指定任何条件。

例如，删除"runoob_tbl"表中runoob_id值为3的记录，语句如下：

DELETE FROM runoob_tbl WHERE runoob_id=3;

语句执行结果如图12-19所示。

图 12-19　删除表中记录

12.6 MySQL数据库的备份和恢复

前面已经介绍了对数据库、数据库表及表中记录进行的操作，本节将介绍如何对MySQL数据库进行备份和恢复。

12.6.1 数据的备份

下面将对数据的备份操作进行介绍。

1. 使用MYSQLDUMP命令备份

使用MYSQLDUMP命令可将数据库中的数据备份成一个文本文件。表的结构和表中的数据将存储在生成的文本文件中。

MYSQLDUMP命令的工作原理很简单。它先查出需要备份的表结构，再在文本文件中生成一个CREATE语句；然后，将表中的所有记录转换成一条INSERT语句。通过这些语句，就能够创建表并插入数据。

MYSQLDUMP命令的语法格式为：

mysqldump -u username -p dbname table1 table2 ···-> BackupName.sql

参数说明：
- username：表示用户名。
- dbname：表示数据库的名称。
- table1、table2：表示需要备份的表的名称，若不指定表名则备份整个数据库。
- BackupName.sql：表示备份文件的名称，文件名前面可以加上一个绝对路径。通常将数据库备份成一个扩展名为sql的文件。

使用MYSQLDUMP命令备份的步骤如下所述。

（1）进入MySQL目录下的bin文件夹。例如，以作者本人的机器为例，在命令行中输入如下命令。

cd D:\wamp64\bin\mysql\mysql5.7.14\bin

（2）使用root用户备份"db"数据库下的"runoob_tbl"表，在命令行中输入如下命令。

mysqldump -u root -p db runoob_tbl > D:\backup.sql

命令执行结果如图12-20所示。

图 12-20　备份数据库

2. 直接复制整个数据库目录

MySQL有一种非常简单的备份方法，就是将MySQL中的数据库文件直接复制出来。这是最简单、速度最快的方法。不过在此之前，要先将服务器停止，这样才可以保证在复制期间数据库的数据不会发生变化。如果在复制数据库的过程中还有数据写入，就会造成数据不一致。这种情况在开发环境是可以的，但是在生产环境中是很难允许以这种方式备份服务器的。

> **提示**：这种方法不适用于采用InnoDB存储引擎的表，而对于采用MyISAM存储引擎的表很方便。还需注意的是，还原时MySQL的版本最好相同。

12.6.2　数据的恢复

下面介绍两种数据的恢复方法。

1. 使用mysql命令进行还原

对于已经备份的包含CREATE、INSERT语句的文本文件，可以使用mysql命令将其导入数据库中。备份的文件中包含CREATE、INSERT语句（有时也会有DROP语句）。mysql命令可以直接执行文件中的这些语句，其语法格式为：

mysql -u user -p [dbname] <filename.sql>

参数说明：
- user：执行备份文件命令语句的用户名。
- -p：表示输入用户密码。
- dbname：数据库名。
- filename.sql：由MYSQLDUMP工具创建的包含创建数据库语句的文件，此文件执行的时候不需要指定数据库名。

例如，用mysql命令将"school_2022-7-10.sql"文件中的备份导入到数据库中，语句如下：

mysql -u root -p runoob_tbl < D:\school_2022-7-10.sql

执行语句之前必须建好"runoob_tbl"数据库，如果此数据库不存在，则恢复过程将会出错。

2. 直接复制到数据库目录

如果数据库是通过复制数据库文件备份的，可以直接复制备份文件到MySQL数据目录下实现还原。通过这种方式还原时，必须保证备份数据的数据库和待还原的数据库服务器的主版本号相同，而且这种方式只对MyISAM引擎有效，对于InnoDB引擎的表不可用。执行还原之前要先关闭mysql服务，再将备份的文件或目录覆盖已安装的MySQL的data目录，然后重新启动mysql服务。

对于Linux操作系统，复制完文件需要将文件的用户和组更改为MySQL运行的用户和组，通常用户是"mysql"，组也是"mysql"。

12.7 PHP访问MySQL数据库的过程

MySQL是一款广受欢迎的数据库管理系统，由于它是开源的半商业软件，所以市场占有率高，且备受PHP开发者的青睐，一直被认为是PHP的最佳组合。同时，PHP也具有强大的数据库支持能力，本节主要讲解PHP访问MySQL数据库的一般步骤。

PHP操作MySQL数据库大致可分为如下5个步骤。

第一步，连接MySQL数据库服务器。

第二步，选择数据库。

第三步，执行SQL语句。

第四步，关闭结果集。

第五步，断开与MySQL数据库服务器的连接。

接下来，将对上述步骤进行详细阐述。

（1）用mysqli_connect()函数连接MySQL数据库服务器。

用mysqli_connect()函数建立与服务器的连接，然后根据此函数的返回值定位不同的连接。

```
$host = "localhost"; //MySQL服务器地址
$user = "root"; //用户名
$pwd = "***"; // 密码
$connID = mysqli_connect($host, $user,$pwd); //返回连接标识符
```

（2）用mysqli_select_db()函数选择数据库文件。

根据第一步返回的连接标识符，用mysqli_select_db()函数选择数据库。

mysqli_select_db($dbName,$connID); //$dbName 表示要选择的数据库

（3）用mysqli_query()函数执行SQL语句。

首先执行查询操作，返回结果集。例如：

```
$query = mysqli_query("select * from tb_stu",$connID);   //执行查询，返回结果集
```

从上述结果集中获取信息，可以有如下两种路径。
- 用mysqli_fetch_array()函数从数组结果集中获取信息。
- 用mysqli_fetch_object()函数从结果集中获取一行作为对象。

```
$result = mysqli_fetch_array($query);
$result = mysqli_fetch_object($query);
```

它们的区别在于mysqli_fetch_object()函数的返回值是一个对象，而不是数组，也就是该函数只能通过字段名来访问数组。

（4）关闭结果集。

数据库操作完成之后，需要关闭结果集，释放资源。PHP中是通过mysqli_free_result()函数实现的。

```
mysqli_free_result($query);
```

（5）断开服务器连接。

每使用一次mysqli_connect()函数或mysqli_query()函数，都会消耗系统资源。为避免资源浪费，用mysqli_close()函数关闭与MySQL服务器的连接，以节省系统资源。

```
mysqli_close($connID);
```

12.8 PHP操作MySQL数据库的方法

本节主要介绍PHP连接和操作MySQL数据库的基础知识，如连接数据库、与数据库交互等内容。

为完成新的案例，创建一个新的数据库"test"并选择打开此数据库，代码如下：

```
CREATE DATABASE test;
USE test;
```

创建一个数据表"login"，代码如下：

```
CREATE TABLE IF NOT EXISTS `login`(
  `id` INT (10) NOT NULL AUTO_INCREMENT,
  `username` VARCHAR(100) DEFAULT NULL,
  `password` VARCHAR(40) DEFAULT NULL,
  `confirm` VARCHAR(40) DEFAULT NULL,
```

```
 `email` VARCHAR(40) DEFAULT NULL,
  PRIMARY KEY ( `id` )
)ENGINE=InnoDB DEFAULT CHARSET=utf8;
```

在"login"表中添加3条记录，代码如下：

```
INSERT INTO `login` VALUES (001, 'test1', '123456', '123456', '2255@abc');
INSERT INTO `login` VALUES (002, 'test2', '123456', '123456', '2266@abc');
INSERT INTO `login` VALUES (003, 'test3', '123456', '123456', '2277@abc');
```

12.8.1 连接MySQL服务器

要操作MySQL数据库，首先必须与MySQL服务器建立连接。PHP中使用mysqli_connect()函数连接MySQL服务器，连接MySQL服务器的语法格式为：

mysqli_connect('hostname','username','password');

其中，hostname是MySQL服务器的主机名（或者主机的IP地址），如果省略端口号，则默认端口号为3306；username为登录MySQL数据库服务器的用户名；password为MySQL服务器的用户密码。

该函数的返回值表示这个数据库连接。如果连接成功，则函数返回一个资源，为以后执行SQL指令做准备；如果连接不成功，则函数返回false。

【示例12-1】使用mysqli_connect()函数连接MySQL服务器。

使用mysqli_connect()函数创建与本地MySQL服务器的连接，代码如下：

示例 12-1
```php
<?php
header("Content-Type:text/html; charset=utf-8");
$link = mysqli_connect("localhost","root",
"123456") or die("不能连接到数据库服务器！
".mysqli_error()); //连接MySQL 服务器
if($link){
    echo "连接数据库成功";
}
?>
```

程序运行结果如图12-21所示。

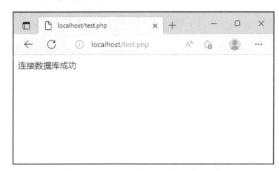

图 12-21 【示例 12-1】运行结果

在上面的代码中，使用mysqli_connect()函数连接MySQL数据库服务器。从这个函数的参数知道，可以指定本机的机器名作为数据库服务器，当然，也可将"localhost"换为其他的数据库服务器名，这样就为数据的异地存放和数据库的安全隔离提供了保障。

> 🛈 **提示**：在Windows环境下，如果关闭MySQL服务器，再执行上面的程序时就会输出以下错误提示信息——Can't connect to MySQLl server on "localhost"(10061)。

12.8.2 选择数据库文件

在日常开发工作中，当需要从数据库获取数据时，首先要选择数据库文件，此时需要用到一个函数，即mysqli_select_db()函数。

mysqli_select_db()函数的语法格式为：

mysqli_select_db(link_identifier,string 数据库名);

参数说明：
- string：表示传入MySQL服务器的数据库名称的类型。
- link_identifier：表示MySQL服务器的连接标识。

还有一个函数mysqli_query()，也可以实现选择数据库文件的功能，此函数的语法格式详见第12.8.3节。

【示例12-2】使用mysqli_select_db()函数连接数据库。

使用mysqli_select_db()函数选择数据库，数据库名是"test"，代码如下：

示例12-2
```
<?php
header("Content-Type:text/html; charset=utf-8");
$link = mysqli_connect("localhost","root",
"123456") or die("不能连接到数据库服务器!
".mysqli_error()); //连接MySQL 服务器
$db_selected = mysqli_select_db($link,"test");
//选择数据库test
if($db_selected){
    echo "选择数据库成功";
}
?>
```

运行结果如图12-22所示。

图12-22　【示例12-2】运行结果

12.8.3　执行SQL语句

在PHP开发过程中，当要从数据库获取数据时，就要用到SQL语句了。要对数据库中的表进行操作，通常使用mysqli_query()函数执行SQL语句。该函数的语法格式为：

mysqli_query(string query[,resource link_identifier]);

参数说明：
- string query：表示字符串类型的SQL语句。
- link_identifier：MySQL服务器的连接标识。

mysqli_query()函数是指令的专用函数，所有的SQL语句都通过它来执行，并且返回结果集。在mysqli_query()函数中执行的SQL语句不以分号（;）结束。

mysqli_query()函数仅对SELECT、SHOW、EXPLAIN或DESCRIBE语句返回一个资源标识符。若查询执行不正确，则返回false。对于其他类型的SQL语句，mysqli_query()函数在执行成功时返回true，出错时返回false。

> **说明**：mysqli_unbuffered_query()函数也可以执行SQL查询语句，和mysqli_query()函数的功能一样，但不获取和缓存结果集。它不像mysqli_query()函数那样自动获取并缓存结果集，一方面，这在处理很大的结果集时会节省可观的内存；另一方面，因为mysqli_unbuffered_query()函数是一边查询一边给结果，所以，它可以在获取第1行后就立即对结果集进行操作，而不用等到整个SQL语句都执行完毕。

■12.8.4 从数组结果集中获取信息

使用mysqli_fetch_array()函数可从数组结果集中获取信息。从结果集中取得一行作为关联数组，或数字数组，或二者兼有。返回根据从结果集取得的行生成的数组，如果没有更多行则返回false。

mysqli_fetch_array()函数的语法格式为：

array mysqli_fetch_array(resource result[,int result_type]);

参数说明：

- result：资源类型的参数，要传入的是由mysqli_query()函数返回的数据指针。
- result_type：可选项，整数型参数，要传入的是MYSQLI_ASSOC（关联索引）、MYSQLI_NUM（数字索引）或MYSQLI_BOTH（同时包含关联和数字索引的数组）3种索引类型，默认值为MYSQLI_BOTH。

> **提示**：mysqli_fetch_array() 函数返回的字段名区分大小写。

【示例12-3】从数组结果集中获取信息。

第一步，创建index.php网页。

创建一个PHP动态页面，命名为index.php，在index.php中添加一个表单，表单中包含一个文本框和一个提交按钮，具体代码如下：

```
<html>
<body>
  <!--上传文件表单-->
  <form method="post" action="index.php" name = form1>
    <table>
      <tr>
        <td width="605" height="51" bgcolor="#CC99FF">
          <p align="center">请输入查询内容
            <input type="text" name="username" id="username" size="25"> 
            <input type="submit" name="submit" value="查询">
          </p>
```

```
            </td>
         </tr>
      </table>
   </form>
</body>
</html>
```

第二步,连接到MySQL数据库。

连接到MySQL数据库服务器,选择的数据库是"test"。具体代码如下:

```
<?php
 header("Content-Type:text/html; charset=utf-8");
error_reporting(0);
$link = mysqli_connect("localhost","root","123456","test") or die("连接数据库失败".mysqli_error());
mysqli_query($link,"set names utf-8");   //设置编码,防止发生乱码
?>
```

第三步,执行SQL语句。

使用if条件语句判断用户是否单击了"查询"按钮,如果是,则使用POST方法接收传递过来的信息,使用mysqli_query()函数执行SQL语句。该查询语句主要用来实现信息的模糊查询,查询结果被赋予变量$sql;然后使用mysqli_fetch_array()函数从数组结果集中获取信息,具体代码如下:

```
<?php
$sql = mysqli_query($link,"SELECT * FROM login");   //执行查询语句
$info = mysqli_fetch_array($sql);                   //获取查询结果,返回值为数组
if($_POST['submit'] == '查询'){                      // 判断按钮的值是否为查询
$username = $_POST['username'];                     //获取文本框提交的值
$sql = mysqli_query($link,"SELECT * FROM login WHERE username LIKE '%".trim($username)."%'"); //执行模糊查询
$info = mysqli_fetch_array($sql);                   // 获取查询结果
}
?>
```

!提示:代码中实现模糊查询的时候使用了通配符"%"。通配符"%"表示零个或者任意多个字符。

第四步,判断信息是否存在。

使用if条件语句对结果集变量$info进行判断,如果该值为假,那么就使用echo语句输出"对不起,查询的信息不存在",具体代码如下:

```php
<?php
if(!$info){
  echo "<p align='center' style='color: #FF0000;font-size: 12px'>对不起，查询的信息不存在</p>";
}
?>
```

第五步，使用do…while循环输出结果。

使用do…while循环语句以表格形式输出数组结果集$info[]中的信息，以字段的名称为索引（即数组下标），使用echo语句输出数组$info[]的信息，具体代码如下：

```php
<?php
do {      //do…while 循环
?>
   <table>
     <tr align="left" bgcolor="#FFFFFF">
       <td height="20" align="center"><?php echo $info["id"] ?></td>
       <td height="20" align="center"><?php echo $info["username"] ?></td>
       <td height="20" align="center"><?php echo $info["password"] ?></td>
       <td height="20" align="center"><?php echo $info["confirm"] ?></td>
       <td height="20" align="center"><?php echo $info["email"] ?></td>
     </tr>
   </table>
   <?php
}while($info = mysqli_fetch_array($sql));
?>
```

最后的输出结果如图12-23所示。

图12-23　本节示例的输出结果

12.8.5　从结果集中获取一行作为对象

使用mysqli_fetch_object()函数可从结果集中获取一行作为对象，其语法格式为：

object mysqli_fetch_object(resource result);

说明：

mysqli_fetch_object()函数和mysqli_fetch_array()函数类似，只是前者返回的是一个对象而不是数组。该函数只能通过字段名访问数组，使用下面的格式获取结果集中行的元素值。

$row->col_name //col_name为列名，$row代表结果集

如果从某数据表中检索id和username的值，可以用$row->id和$row->username访问行中的元素值。

下面的实例通过mysqli_fetch_object()函数获取结果集中的数据信息，然后使用echo语句从结果集中以"结果集->列名"的形式输出个字段所对应的图书信息。

【示例12-4】从结果集中获取一行作为对象。

第一步，创建index.php网页。

创建一个PHP动态页面，命名为index.php，在index.php中添加一个表单，表单中包含一个文本框和一个提交按钮，具体代码如下：

```html
<html>
 <body>
   <!--上传文件表单-->
   <form method="post" action="index.php" name = form1>
     <table>
       <tr>
         <td width="605" height="51" bgcolor="#CC99FF">
           <p align="center">请输入查询内容
             <input type="text" name="username" id="username" size="25"> 
             <input type="submit" name="submit" value="查询">
           </p>
         </td>
       </tr>
     </table>
   </form>
 </body>
</html>
```

第二步，连接MySQL数据库服务器。

连接到MySQL数据库服务器，选择的数据库是"test"。具体代码如下：

```php
<?php
 header("Content-Type:text/html; charset=utf-8");
 error_reporting(0);
 //连接数据库
```

```php
$link = mysqli_connect("localhost","root","123456","test") or die("连接数据库失败".mysqli_error());
mysqli_query($link,"set names utf-8");    //设置编码，防止发生乱码
?>
```

第三步，获取查询结果的数据。

使用mysqli_fetch_object()函数获取查询结果集中的数据，并从结果集中获取一行作为对象。

```php
<?php
$sql = mysqli_query($link,"SELECT * FROM login");
$info = mysqli_fetch_object($sql);
if($_POST['submit'] == '查询'){
$username = $_POST['username'];
$sql = mysqli_query($link,"SELECT * FROM login WHERE username LIKE '%".trim($username)."%' ");
$info = mysqli_fetch_array($sql);
}
if(!$info){
echo "<p align='center' style='color: #FF0000;font-size: 12px'>对不起，查询的信息不存在</p>";
}
?>
```

第四步，使用do…while输出结果。

使用 do…while循环语句，以"结果列->列名"的方式输出结果集中的图文信息，代码如下：

```php
<?php
do {     //do…while 循环
   ?>
   <table>
     <tr align="left" bgcolor="#FFFFFF">
       <td height="20" align="center"><?php echo $info->id; ?></td>
       <td height="20" align="center"><?php echo $info->username; ?></td>
       <td height="20" align="center"><?php echo $info->password; ?></td>
       <td height="20" align="center"><?php echo $info->confirm; ?></td>
       <td height="20" align="center"><?php echo $info->email; ?></td>
     </tr>
   </table>
   <?php
}while($info = mysqli_fetch_object($sql));
?>
```

输出结果如图12-24所示。

图 12-24 本节示例的输出结果

12.8.6 逐行获取结果集中的每条记录

使用mysqli_fetch_row()函数逐行获取结果集中的每条记录，mysqli_fetch_row()函数的语法格式为：

array mysqli_fetch_row(resource result);

说明：

mysqli_fetch_row()函数从指定的标识关联的结果集中获取一行数据并作为数组返回，将此行赋予数组变量$row，每个结果的列存储在一个数组元素中，下标从0开始，就是以$row[0]的形式访问第1个数组元素（只有一个元素时也是如此）。再一次调用mysqli_fetch_row()函数将返回结果集中的下一行，直到没有一行数据时就会返回false。

❗ 提示：本函数返回的字段名区分字母大小写。

下面的示例与前面所讲的示例的功能是相同的，不同的是下面的示例是通过mysqli_fetch_row()函数逐行获取结果集中的每条记录，然后再使用echo语句从数组结果集中输出各字段所对应的登录信息。

【示例12-5】获取结果集中的记录。

使用mysqli_fetch_row()函数逐行获取结果集中的记录，代码如下：

示例 12-5

```php
<?php
$sql = mysqli_query($link,"SELECT * FROM login");
$row = mysqli_fetch_row($sql);
if($_POST['submit'] == '查询'){
  $username = $_POST['username'];
  $sql = mysqli_query($link,"SELECT * FROM login WHERE username LIKE '%".trim($username)."%' ");
  $row = mysqli_fetch_row($sql); //逐行获取查询结果，返回值为数组
}
?>
```

【示例12-6】判断结果集变量$row。

使用if条件语句对结果集变量$row进行判断，如果该值为假，则输出提示信息"对不起，查询的信息不存在"，否则使用do…while循环语句以数组的方式输出结果集中的信息，代码如下：

示例 12-6
```
<?php
if(!$row){
  echo "<p align='center' style='color: #FF0000;font-size: 12px'>对不起，查询的信息不存在</p>";
}?>
<?php
do {      //do…while 循环
    ?>
    <table>
      <tr align="left" bgcolor="#FFFFFF">
        <td height="20" align="center"><?php echo $row["0"] ?></td>
        <td height="20" align="center"><?php echo $row["1"] ?></td>
        <td height="20" align="center"><?php echo $row["2"] ?></td>
        <td height="20" align="center"><?php echo $row["3"] ?></td>
        <td height="20" align="center"><?php echo $row["4"] ?></td>
      </tr>
    </table>
    <?php
}while($row = mysqli_fetch_row($sql));
?>
```

输出结果如图12-25所示。

图 12-25　本节示例的输出结果

12.8.7 获取查询结果集中的记录数

使用mysqli_fetch_row()函数获取结果集中的数据信息后，若想要获取结果集中的记录数，就要使用mysqli_num_rows()函数。该函数的语法格式为：

int mysqli_num_rows (resource $result);

说明：

使用mysqli_unbuffered_query()函数查询到的数据结果将无法使用mysqli_num_rows()函数获取查询结果集中的记录数。

【示例12-7】 获取查询结果集中的记录数。

在查询信息后，应用mysqli_num_rows()函数来获取结果集中的记录数。

示例 12-7

```
//该实例是在前面所讲示例的基础上获取查询结果中的记录数。
<html>
 <body>
   <!--上传文件表单-->
   <form method="post" action="" name = form1>
     <table>
      <tr>
        <td width="605" height="51" bgcolor="#CC99FF">
          <p align="center">请输入查询内容
            <input type="text" name="username" id="username" size="25"> 
            <input type="submit" name="submit" value="查询">
          </p>
        </td>
      </tr>
     </table>
   </form>
 </body>
</html>
<?php
 header("Content-Type:text/html; charset=utf-8");
 error_reporting(0);
//连接数据库
$link = mysqli_connect("localhost","root","123456","test") or die("连接数据库失败".mysqli_error());
 mysqli_query($link,"set names utf-8");   //设置编码，防止发生乱码
//模糊查询
$sql = mysqli_query($link,"SELECT * FROM login");
$info = mysqli_fetch_array($sql);
if($_POST['submit'] == '查询'){
$username = $_POST['username'];
$sql = mysqli_query($link,"SELECT * FROM login WHERE username LIKE '%".trim($username)."%' ");
$info = mysqli_fetch_array($sql);
}
//判断结果
```

```php
if(!$info){
  echo "<p align='center' style='color: #FF0000;font-size: 12px'>对不起，查询的信息不存在</p>";
}
//循环输出结果
do {    //do…while 循环
    ?>
    <table>
      <tr align="left" bgcolor="#FFFFFF">
        <td height="20" align="center"><?php echo $info["id"] ?></td>
        <td height="20" align="center"><?php echo $info["username"] ?></td>
        <td height="20" align="center"><?php echo $info["password"] ?></td>
        <td height="20" align="center"><?php echo $info["confirm"] ?></td>
        <td height="20" align="center"><?php echo $info["email"] ?></td>
      </tr>
    </table>
    <?php
}while($info = mysqli_fetch_array($sql));
$nums = mysqli_num_rows($sql) ;
echo "获取总记录为： ".$nums;
?>
```

输出结果如图12-26所示。

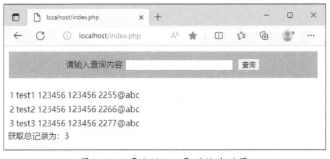

图12-26 【示例12-7】的输出结果

❶ 提示： 如果要获取由INSERT、UPDATE、DELETE语句所影响到的数据行数，将不能使用mysqli_num_rows()函数，而是必须使用mysqli_affected_rows()函数来实现。

课后作业

（1）创建数据库"test"，查看所有数据库，并选择数据库"test"。
（2）使用mysqli_connect()函数连接MySQL服务器。
（3）使用了mysqli_select_db()函数连接数据库"test"。

第13章 PHP应用案例

内容概要

本章以博客系统为例,本博客系统是在Windows操作系统环境下,使用PHP语言+MySQL数据库+Apache服务器实现的。系统主要包括用户注册登录和注销模块、文章模块、评论模块、留言板模块等。

数字资源

【本章实例源代码来源】:"源代码\第13章"目录下

13.1 需求分析

随着网络与通信技术的发展，网络应用越来越丰富，个人博客（BLOG）系统是一种简单有效的提供网络用户之间进行在线交流的网络平台，已经成为写网络日志必不可少的一种工具。通过个人博客可以随时发布日志，表达自己的想法，方便快捷。访客可以直接在个人博客上留言，提出问题或意见。通过博客可实现博主与访客的互动与交流，在网络上结交更多的朋友。

本博客管理系统具有以下功能。

（1）访客可以浏览博文、图片、发表评论。

（2）拥有强大的搜索功能，可对博文进行精确查询和模糊查询。

（3）完善的博文管理系统，能够完成博文的发表、删除，以及对相关评论进行回复等操作。

13.2 系统设计

系统设计的主要任务是设计软件的模块结构和数据库结构，同时还要考虑到系统未来发展的需要。本博客系统要实现的基本目标如下：

（1）可以浏览博文、发表评论。

（2）可以对文章进行管理。

（3）可以对文章的分类进行管理。

（4）可以对留言进行管理。

（5）可以对友情链接进行管理。

（6）实现图片的上传功能。

系统的总体结构图如图13-1所示。

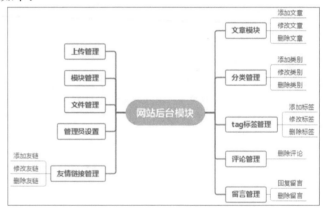

图 13-1　系统的总体结构图

13.2.1 开发环境

在开发博客管理系统平台时，该项目开发的环境需使用如下软件。

1. 服务器端

（1）操作系统：Windows 10。

（2）服务器：Apache 2.4.39。

（3）PHP软件：PHP 8.0.8。

（4）数据库：MySQL 5.7.26。

2. 客户端

（1）Firefox浏览器。

（2）分辨率：1 024×768。

■13.2.2 文件夹组织结构

本博客系统在网站中的各目录为：fonts是字体文件目录，function是html模板文件目录，image是图片文件目录，js是JavaScript脚本文件，lib是系统配置文件目录，plugins是额外的模板文件目录，style是样式表文件，文件夹整体结构如图13-2所示。

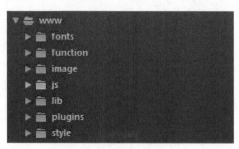

图 13-2 文件夹组织结构

13.3 数据库设计

数据库设计是指对于一个给定的应用环境，构造出最优的数据库模式，建立数据库及其应用系统，使之能够有效地存储数据，满足各种用户的应用需求。

本系统采用的是PHP+MySQL的组合，无论是从成本、效率还是性能方面考虑，采用MySQL数据库都是最佳选择。根据实际需要，本系统包含7张表，如图13-3所示。

下面详细介绍这7张数据表的结构。

图 13-3 本系统的 7 张数据表

1. imooc_admin（用户表）

用户表主要用于存储用户的个人信息，表结构如图13-4所示。

名	类型	长度	小数点	不是 null	
id	tinyint	3	0	✓	🔑1
username	varchar	20	0	✓	
nname	varchar	30	0		
password	char	32	0	✓	
email	varchar	50	0		
quanxian	tinyint	1	0		
zhucema	varchar	64	0		
ruanjianid	varchar	20	0		
ruanjiantime	varchar	20	0		
zhucetime	varchar	20	0		
dizhi	varchar	200	0		
shenfenzheng	varchar	18	0		
tel	varchar	12	0		
dianhua	varchar	15	0		
qq	varchar	15	0		

图 13-4 imooc_admin 表结构

2. imooc_cate（内容分类表）

内容分类表主要用于存储博客内容的类型，表结构如图13-5所示。

图 13-5　imooc_cate 表结构

3. imooc_comment（评论表）

评论表用于存储用户评论，表结构如图13-6所示。

图 13-6　imooc_comment 表结构

4. imooc_link（友情链接表）

友情链接表用于存储友情链接，表结构如图13-7所示。

图 13-7　imooc_link 表结构

5. imooc_message（留言表）

留言表用来存储留言信息，表结构如图13-8所示。

字段 | 索引 | 外键 | 触发器 | 选项 | 注释 | SQL 预览

名	类型	长度	小数点	不是 null	
id	int	5	0	✓	1
name	varchar	20	0	✓	
nname	varchar	20	0		
text	text	0	0	✓	
reply	text	0	0		
reply_time	varchar	20	0		
time	varchar	20	0	✓	

图 13-8 imooc_message 表结构

6. imooc_tag（附加信息表）

附加信息表用于存储附加信息，表结构如图13-9所示。

字段 | 索引 | 外键 | 触发器 | 选项 | 注释 | SQL 预览

名	类型	长度	小数点	不是 null	
id	tinyint	10	0	✓	1
tag	varchar	20	0	✓	
CliCks	varchar	10	0		
time	varchar	20	0	✓	
xgtime	varchar	20	0		
beizhu	varchar	20	0		

图 13-9 imooc_tag 表结构

7. imooc_text（博客信息表）

博客信息表用于存储博客信息，表结构如图13-10所示。

字段 | 索引 | 外键 | 触发器 | 选项 | 注释 | SQL 预览

名	类型	长度	小数点	不是 null	
Id	int	5	0	✓	1
pName	varchar	50	0	✓	
Class	varchar	50	0		
pubTime	varchar	20	0	✓	
Tag	varchar	50	0		
Author	varchar	50	0		
pDesc	text	0	0		
zaiyao	varchar	500	0		
tagid0	varchar	5	0		
tagid1	varchar	5	0		
tagid2	varchar	5	0		
tagid3	varchar	5	0		
tagid4	varchar	5	0		
CliCks	int	10	0		
ding	int	1	0		

图 13-10 imooc_text 表结构

13.4 首页设计

首页的设计对系统至关重要，它往往可以决定用户对网站的第一印象。系统首页的页面设计应当简洁、大方。首页主要包括以下3部分。

- 导航栏：包括菜单行、搜索栏和轮播图。
- 显示区：包括最新的评论、留言和博客模块。
- 页尾：包括友情链接和网站信息等。

【示例13-1】博客首页。

在首页显示区中显示最新留言、最新评论和博客栏目的列表，使用ul标签显示内容标题，主要代码如【示例13-1】所示。

示例 13-1

```html
<!doctype html>
<html>
<body>
<!--轮播-->
<div id="lunbo">
    <div id="content" style="height:300px;">
     <div class="layout" >
      <div class="carousel J_TWidget" data-widget-config="{'effect':'fade','easing':'easeInStrong','prevBtnCls':'prev','nextBtnCls':'next', 'contentCls': 'carousel-main', 'navCls': 'carousel-nav','activeTriggerCls': 'selected','viewSize':[990],'autoplay':true,'duration':1}" data-widget-type="Carousel"  >
        <div class="prev div1" style="top:100px;"> <a href="#"></a></div>
        <div class="next div1" style="top: 100px;"> <a href="#"></a></div>
        <div class="carousel-content" >
         <ul class="carousel-main jy">
          <li> <a href=""  target="_blank"><img src="http://localhost/back_pic/00/00/69/40/abccd346d9d9280b537b11f5e81873e8.jpg" title="轮播1" width="990" height="300" alt="轮播1"/></a>
          </li>
          <li> <a href="" target="_blank"><img src="http://localhost/back_pic/00/00/69/40/2463b1216f5a9aae804d45a0840bf9e8.jpg" title="轮播2" width="990" height="300" alt="轮播2"/></a>
          </li>
          <li> <a href="" target="_blank"><img src="image/lunbo2.jpg" title="轮播3" width="990" height="300" alt="轮播3"/></a>
          </li>
         </ul>
        </div>

<!--最新留言-->
     <ul>
```

```html
            <h3>最新留言</h3>
                <li><img src="http://localhost/image/EDIT/kommentar.gif"><a href="http://localhost/function/message/message.php">adsfasf</a><span>23-02-15</span></li>
                <li><img src="http://localhost/image/EDIT/kommentar.gif"><a href="http://localhost/function/message/message.php">说两句！！！</a><span>23-02-15</span></li>
                <li><img src="http://localhost/image/EDIT/kommentar.gif"><a href="http://localhost/function/message/message.php">我来说两句！！！asdf</a><span>23-02-15</span></li>
                <li><img src="http://localhost/image/EDIT/kommentar.gif"><a href="http://localhost/function/message/message.php">qqqqqqqqqqqqq </a><span>23-02-14</span></li>
                <li><img src="http://localhost/image/EDIT/kommentar.gif"><a href="http://localhost/function/message/message.php">这个要验证码的。</a><span>23-02-14</span></li>
                <li><img src="http://localhost/image/EDIT/kommentar.gif"><a href="http://localhost/function/message/message.php">我来说两句！！！Chrome'"></a><span>23-02-14</span></li>
                <li><img src="http://localhost/image/EDIT/kommentar.gif"><a href="http://localhost/function/message/message.php">我来说两句！！！我来说两句！！</a><span>22-02-13</span></li>
                <li><img src="http://localhost/image/EDIT/kommentar.gif"><a href="http://localhost/function/message/message.php">我来说两句！！！sdfasdf</a><span>23-02-13</span></li>
                <li><img src="http://localhost/image/EDIT/kommentar.gif"><a href="http://localhost/function/message/message.php">bu cuo </a><span>23-02-13</span></li>
                <li><img src="http://localhost/image/EDIT/kommentar.gif"><a href="http://localhost/function/message/message.php">可以下载吗？</a><span>22-09-22</span></li>
            </ul>

<!--最新评论-->
        <ul style="margin-right:0px;">
            <h3>最新评论</h3>
                <li><img src="http://localhost/image/EDIT/kommentar.gif"><a href="http://localhost/post/292.html#biaoji1 ">非常好，我很喜欢！！！</a><span>23-01-23</span></li>
                <li><img src="http://localhost/image/EDIT/kommentar.gif"><a href="http://localhost/post/292.html#biaoji1 ">赞一个，非常好，我很喜欢！！！</a><span>23-01-23</span></li>
            </ul>

<!-- tag五彩标签-->
        <ul id="paging_tag">
            <h3>tag五彩标签</h3>
                <li><a target="_blank" href="http://localhost/search.php?tag=84" style="color:rgb(187,46,93); font-size:16px; " ">正则表达式</a></li>
                <li><a target="_blank" href="http://localhost/search.php?tag=83" style="color:rgb(77,178,185); font-size:15px; " ">tjheer问题</a></li>
                <li><a target="_blank" href="http://localhost/search.php?tag=82" style="color:rgb(233,66,250);
```

```
font-size:24px; " ">JavaScript</a></li>
            <li><a target="_blank" href="http://localhost/search.php?tag=81" style="color:rgb(166,21,249);
font-size:15px; " ">笔记</a></li>
            <li><a target="_blank" href="http://localhost/search.php?tag=76" style="color:rgb(28,228,14);
font-size:21px; " ">CSS样式</a></li>
            <li><a target="_blank" href="http://localhost/search.php?tag=75" style="color:rgb(100,230,15);
font-size:16px; " ">SQL数据库</a></li>
            <li><a target="_blank" href="http://localhost/search.php?tag=74" style="color:rgb(22,212,87);
font-size:18px; " ">ASP</a></li>
            <li><a target="_blank" href="http://localhost/search.php?tag=73" style="color:rgb(73,229,188);
font-size:15px; " ">HTML</a></li>
            <li><a target="_blank" href="http://localhost/search.php?tag=71" style="color:rgb(150,210,150);
font-size:12px; " ">HTML5</a></li>
            <li><a target="_blank" href="http://localhost/search.php?tag=70" style="color:rgb(20,210,190);
font-size:22px; " ">代码</a></li>
            <li><a target="_blank" href="http://localhost/search.php?tag=40" style="color:rgb(91,158,139);
font-size:12px; " ">PHP</a></li>
            <li><a target="_blank" href="http://localhost/search.php?tag=17" style="color:rgb(132,109,214);
font-size:21px; " ">转载</a></li>
            <li><a target="_blank" href="http://localhost/search.php?tag=16" style="color:rgb(39,248,246);
font-size:16px; " ">原创</a></li>
            <li><a target="_blank" href="http://localhost/search.php?tag=15" style="color:rgb(91,118,196);
font-size:22px; " ">练习</a></li>
        </ul>
      </div>
    </div>


<!--友情链接-->
<div id="Links"><a id="maodian_links"></a>
    <div id="div_top">
        <h3> 友情链接</h3>
        <span title="1" onClick="add_fink()">+</span>
        <div id="zzdcc">
           <marquee scrollamount="2" direction="Right" >
           交换友情链接请点此处→
           </marquee >
         </div>
</div>
<div id="none"> <div id="link">
<script src="http://localhost/js/zhengze.js"></script>
```

```html
<form action="http://localhost/function/interact/add_fink.php" method="post">
<h3>欢迎您来本网站互换友情链接：</h3>
<p>输入网站的名字 (20个字符或10个汉字)
<input name="webname" type="text" id="webname" value="" >
输入网址(100个字符以内)
<input name="weburl" type="text" id="weburl" style="width:300px;" value="" weburl="">
<input id="button" name="button" type="button" value="提交" onClick="webcl()">
</p></form>
<script >
function webcl(){
        webname();
        webUrl();
        if(bianl==1 && bian2==1){
                var submits=document.getElementById("button");
                submits.type="submit";
                //alert(submits.type);
                }else{
                        alert("网站名或网址错误，请检查！");
                        }

}
</script>
</div> </div>
    <ul>
      <div id="links_yb" title=="1">
          <li><a href="http://www.test.com" target="_blank">测试</a></li>
          <li id="gengduo" onClick="link_gengduo1();">更多</li>
      </div>
    </ul>
    </div>
  </div>
</div>
</body>
<script src="http://localhost/plugins/inc/new.js">//对联广告</script><script>window.onload = index_webfink('http://localhost/');//友情链接异步</script>
</html>
```

首页的显示效果如图13-11所示。

图 13-11　首页

13.5　后台管理

13.5.1　后台登录

用户如果想要在网站后台管理网站，就必须先登录。要执行删除博文等操作的前提是当前登录的用户必须拥有管理的权限，或者是本博文的拥有者。这些都需要Session的配合才能实现。PHP主要是通过处理函数对Session进行控制管理的。常用的Session处理函数如表13-1所示。

表 13-1　Session 处理函数

函数	说明
Session_start	初始Session
Session_destroy	结束Session
Session_unregister	删除已注册变量
Session_register	注册变量
Session_is_registered	检查是否注册
Session_encode	资料编码
Session_name	存取当前Session的名称
Session_save_path	存取当前Session的路径
Session_id	存取当前Session的ID号
Session_decode	资料解码
Session_module_name	存取当前Session的模块名称

（1）如果需要改变Session的name属性，必须要在会话之前就调用Session_name()函数且session_name不能全是数字，否则会不停地生成新的Session_id。

（2）将Session_start放到第1行。

（3）如果想删除所有的Session，但又不想结束会话，用unset()函数删除又觉得太麻烦，最简单的办法就是将一个空数组赋值给$_SESSION。

【示例13-2】 后台登录页面。

首先在根目录创建文件login.html，作为用户登录的网页，主要代码如【示例13-2】所示。

示例 13-2

```
<!doctype html>
<html>
<body bgcolor="#00CCFF" id="bodys">
<div id="show">
  <form action="dologin.php" method="post" id="form1">
    <table width="990" border="0" align="center" cellpadding="0" cellspacing="0" >
      <tr bgcolor="#CCFFFF">
        <td height="100" align="center"><h1>用户登录</h1></td>
      </tr>
      <tr align="center">
        <td><p>测试账号[admin123] <br>密码[admin123]</p>
          <ul class="login" >
            <li class="l_tit" >邮箱/用户名/手机号</li>
            <li class="mb_10">
              <input style="height:30px;width:180px;" name="username" type="text" class="login_input user_icon" id="username">
            </li>
            <li class="l_tit" >密码</li>
            <li class="mb_10">
              <input style="height:30px;width:180px;" name="password" type="password" class="login_input user_icon" id="password">
            </li>
            <li class="l_tit">验证码</li>
            <li class="mb_10" >
              <input style="height:30px;width:180px;" name="verity" type="text" class="login_input user_icon" id="verity"><input name="qianrul" id="qianrul" type="hidden" value="">
            </li>
            <li class="l_tit" >点击图片刷新</li>
            <li id="Refresh" style="height:50px;" ><img style="cursor:pointer;" src="getVerify.php" alt="刷新" onclick="this.src='getVerify.php?'+new Date().getTime();"  ></li>
            <li class="autoLogin">
              <input name="autoFlag" type="checkbox" class="checked" id="a1" value="1" checked>
```

```
            <label for="a1">自动登录</label>
          </li>
          <li>
            <input name="提交" type="submit" class="login_btn" value="登录" >
            <span class="login_btn " style="background-color:#CCC; float:right;cursor: pointer;" onClick="dianjizhuche(0)">注册</span> </li>
        </ul></td>
      </tr>
      <tr>
        <td height="100" align="center"><a href="index.html">返回首页</a></td>
      </tr>
    </table>
  </form>
</div>
<!----------------------------------->
<div id="nones">
  <form action="login_submit.php" method="post" id="form2">
    <table width="990" border="0" align="center" cellpadding="0" cellspacing="0" >
      <tr bgcolor="#CCFFFF">
        <td height="100" align="center"><h1>用户注册</h1></td>
      </tr>
      <tr align="center">
        <td><ul class="login" id="yonghuzc">
          <li class="l_tit" >邮箱/用户名/手机号 <span id="jccm">检测重名</span></li>
          <li class="mb_10">
            <input name="username" type="text" class="login_input user_icon" id="username"
            style="height:30px;width:180px;" value="" onBlur="checkUser()">
            * </li>
          <li class="l_tit">密码</li>
          <li class="mb_10">
            <input style="height:30px;width:180px;" name="password2" type="password" class="login_input user_icon" id="password2" >
            * </li>
          <li class="l_tit" >重复密码</li>
          <li class="mb_10">
            <input style="height:30px;width:180px;" name="password3" type="password" class="login_input user_icon" id="password3" onBlur="jspass()">
            * </li>
          <li class="l_tit">验证码</li>
          <li class="mb_10" >
            <input style="height:30px;width:180px;" name="verity" type="text" class="login_input user_
```

```
icon" id="verity">
        * </li>
      <li class="l_tit" >点击图片刷新</li>
      <li id="Refresh" style="height:50px;" ><img style="cursor:pointer;" src="getVerify.php" alt="刷新" onclick="this.src='getVerify.php?'+new Date().getTime();"  ></li>
      <li>
        <input name="submit" type="submit" class="login_btn" onClick="tijiaoyanzheng()" value="提交" id="submit" >
        <span class="login_btn " style="background-color:#CCC; float:right; width:100px; font-size:12px;" onClick="dianjizhuche(1)">我有账号要登录</span></li>
      </ul></td>
  </tr>
  <tr>
    <td height="100"  align="center"><a href="index.html">返回首页</a></td>
  </tr>
  </table>
 </form>
</div>
<script>
var urls=document.referrer;//前一个页面的url
document.getElementById("qianrul").value=urls;
</script>
</body>
</html>
```

登录页面显示效果如图13-12所示。

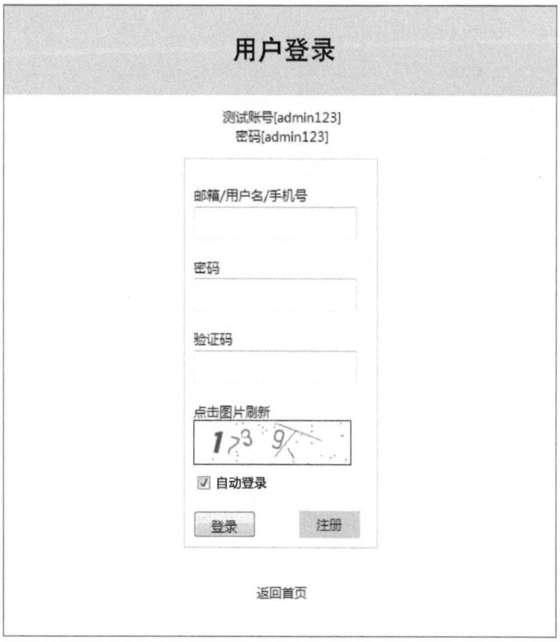

图13-12 登录页面

当单击 "登录" 按钮会将form表单中的值提交到dologin.php处理页进行处理。单击 "注册"按钮会切换页面，切换到注册页面，在注册页单击"提交"按钮后会将form表单中的值提交到login_submit.php页进行用户注册信息的处理。

dologin.php登录处理的代码如【示例13-3】所示。

示例 13-3

```php
<?php
//登录提交处理页面
require_once 'includes.php';
connect(); //数据库连接
fetchn('imooc_admin'); //查询所有记录
$username = $_POST['username'];
$password = md5($_POST['password']);
$autoFlag = $_POST['autoFlag'];
$verify = $_POST['verity'];
$verify1 = $_SESSION['verify'];
$sql = "SELECT * FROM imooc_admin where username='{$username}' and password='{$password}'";
$res = mysql_query($sql);
$res1 = mysql_fetch_array($res, MYSQL_ASSOC);
if ($verify == $verify1) {
} else {
    alertMes("验证码错误！ ", "login.html");
}
if ($res1) {
    //如果选了一周自动登录
    if ($autoFlag) {
        setcookie("adminId", $res1['id'], time() + 7 * 24 * 3600);
        setcookie("adminName", $res1['username'], time() + 7 * 24 * 3600);
    }
    $_SESSION['adminId'] = $res1['id'];
    $_SESSION['adminName'] = $res1['username'];
    // header("location:index.php");
    alertMes("登录成功！ ", ZY_PATHW);
} else {
    alertMes("用户名或密码错误！ ", "login.html");
}
?>
```

如果账号、密码和验证码验证通过，则向Session添加用户的信息并返回一个登录成功的对话框，如图13-13所示。

图 13-13 登录成功对话框

login_submit.php注册页代码如【示例13-4】所示。

示例 13-4

```php
<?php
//注册提交页面
require_once 'includes.php';
connect();//数据库连接
$username=$_POST['username'];
$password=$_POST['password2'];
$password1=$_POST['password3'];
$verity=$_POST['verity'];
$verify1=$_SESSION['verify'];
$zhucetime=date("Y-m-d H:i:s");
$nname=$_POST['username'];
if($verity==$verify1){
   }else{
     alertMes('验证码错误！','login.html');
   }
 if($password==$password1){
         } else{
     alertMes('用户名或密码错！','login.html');
   }
$sql="SELECT * FROM imooc_admin where username='{$username}'";
$res=mysql_query($sql);
$res1=mysql_fetch_array($res,MYSQL_ASSOC);
 if($res1){
         alertMes("用户存在，请重新输入！","login.html");
         }else{
         $password=md5($password);
         $sql="insert into imooc_admin (id,username,password,zhucetime,quanxian,nname)values(null,'$username','$password','$zhucetime','0','$nname')" ;
         $rowrr=mysql_query($sql);
         if($rowrr){
```

```
                    alertMes("注册成功！返回登录！","login.html");
                }
        }
?>
```

注册完成后返回结果如图13-14所示。

图 13-14　注册成功对话框

上面代码中，使用SELECT语句查询注册的用户名是否存在，如果不存在，则使用INSERT语句将通过$_POST传过来的用户数据添加到数据库中完成注册。

■13.5.2　添加内容

添加博文模块主要通过操作表imooc_text来实现。用户登录后台系统后，可以进入添加文章页（addtext.php）。添加文章页面的运行效果如图13-15所示。

图 13-15　添加文章页面

在图13-15所示的页面中，用户填写完博文主题和博文内容后，单击"提交"按钮，将跳转到该页对应的处理页面（addtext_submit.php）进行数据处理。在处理页中，根据传过来的数值，通过INSERT语句存入"imooc_text"数据库中，如果成功则显示"添加成功"，如果失败则显示"添加失败"。实现代码如【示例13-5】所示。

示例 13-5

```php
<?php
//后台添加文章提交页面
require_once '../../includes.php';
connect(); //数据库连接
checkLogined(); //检测管理员是否登录
$arr = $_POST;
$arr['zhaiyao'] = zhaiyaojq($_POST['zhaiyao'], $_POST['pDesc']); //摘要为空就截取正文前500个字符
$tags = explode(",", trim($arr['Tag']));
$tags = a_array_unique($tags); //去除重复元素，只留下单一元素
if (count($tags) > 5) {
    echo alertMesback("标签超出5个！！");
    return;
}
//删除空字段
foreach ($tags as $k => $v) {
    if (strlen($v) == 1) {
        alertMesback("新增字段不能小于一个字节");
        return;
    }
    if (strlen($v) == 0) {
        // 字段为空将被删除
        unset($tags[$k]);
    }
}
for ($i = 0; $i < count($tags); $i++) {
    $onetag = fetchnone(" `imooc_tag` ", " tag='" . $tags[$i] . "' ");
    if (!$onetag) {
        //为假就添加新标签
        date_default_timezone_set('PRC');
        $array['tag'] = $tags[$i];
        $array['beizhu'] = $tags[$i];
        $array['time'] = date('y-m-d H:i:s', time());
        $array['xgtime'] = date('y-m-d H:i:s', time());
        $panduan = insert(" `imooc_tag` ", $array);
        $arr["tagid" . $i] = $panduan;
    } else {
        //为真
        $arr["tagid" . $i] = $onetag['id'];
    }
```

```
}
unset($arr['Tag']); //销毁数组tag
$arr['pDesc'] = mysqli_escape_string($arr['pDesc']);
if (count($arr)) { //count()得到数组的字段个数
    unset($arr['button']); //unset()销毁不用的字段
    $textid = insert($table = " `imooc_text` ", $arr);
    if ($textid) {
        echo "<br>添加成功！<a href='addtext.php'>再次添加</a><br>";
    } else {
        echo "添加失败!!<a href='addtext.php'>返回</a>";
        return;
    }
} else {
    echo "添加失败!!<a href='addtext.php'>返回</a>";
    return;
}
require_once '../../function/sync/pagingscwzsc_hs.php';
danyemiansc($textid); //单个页面生成函数
echo "发布成功！ ";
?>
```

13.5.3 内容列表

在后台页面单击"管理文章"，进入博文管理页面，显示效果如图13-16所示。

图 13-16　管理文章页面

单击列表中任意一个博文后的"修改"操作，会转到修改文章页面，如图13-17所示，可显示对应的博文内容并可对其进行修改。

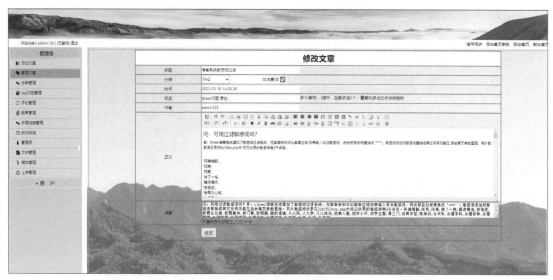

图 13-17 修改文章页面

要转到修改文章页面，需要系统将页面传来的信息和Session中的值取出，输出在修改文章页面（altertext.php）中，实现代码如【示例13-6】所示。

示例 13-6

```
<html>
<head>
<meta charset="utf-8">
<title>修改页面</title>
<link href="<?PHP echo ZY_PATHW ;?>style/admin.css" rel="stylesheet" type="text/css" />
<script src="<?PHP echo ZY_PATHW ;?>js/zhengze.js"></script>
<script src="<?PHP echo ZY_PATHW ;?>js/zdy_pinglun.js"></script>
<script type="text/javascript" charset="utf-8" src="<?PHP echo ZY_PATHW ;?>plugins/kindeditor/kindeditor.js"></script>
<script type="text/javascript" charset="utf-8" src="<?PHP echo ZY_PATHW ;?>plugins/kindeditor/lang/zh_CN.js"></script>
<script>
    KindEditor.ready(function(K) {
        window.editor = K.create('#editor_id');
    });
    $(document).ready(function(){
        $("#selectFileBtn").click(function(){
            $fileField = $('<input type="file" name="thumbs[]"/>');
            $fileField.hide();
```

```
                        $("#attachList").append($fileField);
                        $fileField.trigger("click");
                        $fileField.change(function(){
                            $path = $(this).val();
                            $filename = $path.substring($path.lastIndexOf("\\")+1);
                            $attachItem = $('<div class="attachItem"><div class="left">a.gif</div><div class="right"><a href="#" title="删除附件">删除</a></div></div>');
                            $attachItem.find(".left").html($filename);
                            $("#attachList").append($attachItem);
                        });
                });
                $("#attachList>.attachItem").find('a').live('click',function(obj,i){
                        $(this).parents('.attachItem').prev('input').remove();
                        $(this).parents('.attachItem').remove();
                });
        });
</script>
</head>
<body>
<form id="form1" name="form1" method="post" action="altertext_submit.php">
 <table width="80%" border="1" align="center" cellpadding="0" cellspacing="0">
  <tr>
   <td height="50" colspan="2" align="center" bgcolor="#FFFFFF"><h1>修改文章</h1></td>
  </tr>
  <tr>
   <td width="50" height="30" align="center">标题<input name="Id" type="hidden" value="<?php echo $id;?>" /></td>
   <td width="82%"><input name="pName" type="text" value="<?php echo $rows['pName'];?>" size="45" /></td>
  </tr>
  <tr>
   <td height="30" align="center">分类 </td>
   <td><div id="fenleis"><?php require_once '../../paging/zd_select.php';?><input name="ding" type="checkbox" id="ding" value="1" <?php if($rows['ding']==1){echo "checked";}; ?> ><span id="gouxuan">勾选置顶</span></div></td>
  </tr>
  <tr>
   <td height="30" align="center">时间</td>
   <td><input name="pubTime" type="text" size="45" value="<?php date_default_timezone_set('PRC');echo date('Y-m-d H:i:s',time());?>"/></td>
```

```html
    </tr>
    <tr>
      <td height="30" align="center">标签</td>
      <td><div id="taghe">
        <input name="Tag" id="djfz" type="text" onClick="tagshow();" value="<?php echo $ahe; ?>" size="45" />
        <span id="guanbi" onClick="tagnone();"><img src="<?PHP echo ZY_PATHW ;?>image/EDIT/arrow_top.gif" width="23" height="12"></span>多个请用[ , ]隔开，且最多选5个，重复和多出的将会被删除 </div>
        <div id="divtag">
          <?php require('../../function/WordPress/tag.php') ;?>
        </div>
      </td>
    </tr>
    <tr>
      <td height="30" align="center">作者</td>
      <td><input name="Author" type="text" size="45" value="<?php echo $_SESSION['adminName'];?>" /></td>
    </tr>
    <tr>
      <td align="center">正文</td>
      <td><textarea name="pDesc" id="editor_id" style="margin: 2px; width: 99%; height: 300px;"><?php echo $rows['pDesc']; ?></textarea></td>
    </tr>
    <tr>
      <td height="70" align="center">摘要</td>
      <td><textarea name="zhaiyao" id="zhaiyao" style="margin: 2px; width: 99%; height: 50px;" onBlur="zhaiyaohq()"><?php echo $rows['zhaiyao']; ?></textarea>不填将自动获取正文250个字</td>
    </tr>
    <tr>
      <td height="50"> </td>
      <td><input style="font-size:16px;padding:5px;" type="submit" name="button" id="button" value="修改" /></td>
    </tr>
  </table>
</form>
<div style="height:200px;"></div>
</body>
<script>
var $is1=document.getElementById("select");
```

```
        $is1.value = "<?php echo $rows['Class']; ?>";
            //alert($is1.value);
</script>
<script>
function adminquanxian(){
        //用户权限判断
        var divs=document.getElementsByName("button");
        if (<?php  echo $quanxian; ?> == 0){
                for (var i=0;i<divs.length;i++){
                        divs[i].type="button";
                        alert("权限不够!");
                        }
                }
}
</script>
</html>
```

13.5.4 修改/删除内容

在修改文章页面，单击"修改"按钮后会将要修改的信息传到处理页（altertext_submit.php）完成修改操作，如果成功则提示"修改数据库成功"，如果失败则提示"修改数据库失败"，修改文章的代码如【示例13-7】所示。

示例 13-7

```
<?php
//后台修改文章提交处理页面
$arr=$_POST;
//判断置顶
if(!$_POST['ding']){$arr['ding']="0";}
//批量删除
if($arr['submit']=="删除选择"){
        $ids=explode(",",$arr['idhe']);
        unset($ids[count($ids)-1]);
        foreach($ids as $id){
                $dels = delete(" `imooc_text` ",$id);
                if($dels){echo $id."删除成功！<br>";}
                }
        return;
}
$arr['zhaiyao']=zhaiyaojq($_POST['zhaiyao'],$_POST['pDesc']); //摘要为空就截取正文前500字符
//将标签清空
```

```php
for($i=0;$i<5;$i++){
$arr["tagid".$i]=" ";
}
//处理添加标签
$tags=explode(",",trim($arr['Tag']));
$tags=a_array_unique($tags); //去除重复元素，只留下单一元素
if(count($tags)>5){
        alertMes("标签超出5个！！","index.php");
        return;
        }
//删除空字段
foreach( $tags as $k=>$v){
        if(strlen($v)==1){
                alertMes("新增字段不能小于一个字节","index.php");
                return;
                }
        if(strlen($v)==0){
          // 字段为空将被删除
                unset( $tags[$k] );
        }
}
for($i=0;$i<count($tags);$i++){
        $onetag=fetchnone(" `imooc_tag` "," tag='".$tags[$i]."' ");
        if(!$onetag){
                //为假就添加新标签
                date_default_timezone_set('PRC');
                $array['tag']=$tags[$i];
                $array['beizhu']=$tags[$i];
                $array['time']=date('y-m-d H:i:s',time());
                $array['xgtime']=date('y-m-d H:i:s',time());
                $panduan=insert(" `imooc_tag` ",$array);
                $arr["tagid".$i]=$panduan;
        }else{
                if($i >= count($tags)){
                        $arr["tagid".$i]="";
                }else{
                        //为真
                        $arr["tagid".$i]=$onetag['id'];
                        }
                }
```

```php
}
unset($arr['Tag']);//销毁数组tag
$arr['pDesc']=mysqli_escape_string($arr['pDesc']); //mysqli_escape_string()转义
if (count($arr)){ //count()得到数组的字段个数
        unset($arr['button']); //unset()销毁不用的字段
        $affecs=update($table=" `imooc_text` ",$arr,$arr['Id']);
         if($affecs){
                echo "修改数据库成功！<a href='index.php'>再次修改</a><br>";
        }else{
                echo "修改数据库失败！<a href='index.php'>返回修改<br></a>";
                return;
                }
}else{
                echo "修改失败！<a href='index.php'>再次添加</a><br>";
                return;
}
$textid=$arr['Id'];
danyemiansc($textid); //单个页面生成函数
echo "更新页面成功！";
return;
?>
```

删除博文操作可在博文管理页面中单击"删除"按钮，系统会提示是否删除，如果确定要删除会跳转到处理页（altertext.php）进行删除操作，删除博文的代码如【示例13-8】所示。

示例 13-8

```php
$arr=$_POST;
$id=$arr['Id'];
$submit=$arr['submit'];
//删除
if($submit=="删除"){
        $res=delete(" `imooc_text` ",$id);
        if($res){
                alertMes("删除成功！！ ","index.php");
                }
        return;
}
$rows=fetchnone(" `imooc_text` "," id='".$id."' ");
//输出TAG标签
$row_text12=$rows;
$tags=array($row_text12['tagid0'],$row_text12['tagid1'],$row_text12['tagid2'],$row_
```

```
text12['tagid3'],$row_text12['tagid4']);
$tags=array_filter($tags);//过滤空数组
//删除空字段
foreach( $tags as $k=>$v){
        if(strlen($v)<=1){
                unset( $tags[$k] );
                }
}
foreach($tags as $tag=>$v){
                if(!strlen($v)<=1){
                        $row=fetchnone(" `imooc_tag` "," id='".$v."'");
                        $ahe.=$row['tag'].",";
                        }
                }
$classs=$rows['Class'];
?>
```

13.5.5 其他模块

分类管理、tag标签管理、评论管理、留言管理等功能模块的添加、删除功能与上面介绍的对博文内容的管理类似,只是使用的数据库和条件不一样而已,这里就不再一一介绍,只给出各模块功能的页面截图。

分类管理页面的显示如图13-18所示。

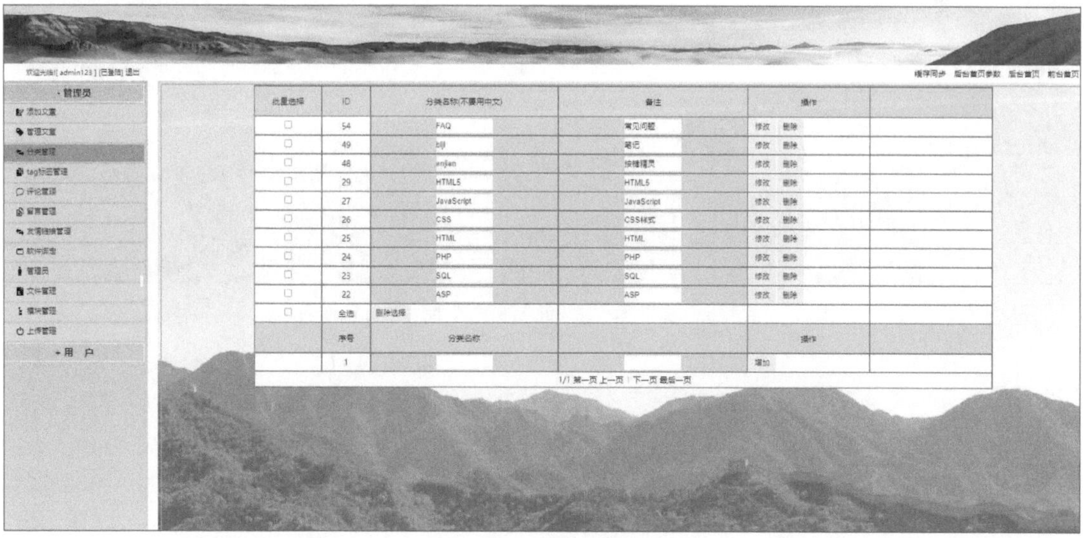

图13-18 分类管理页面

Tag标签管理页面的显示如图13-19所示。

图 13-19　标签管理页面

留言管理页面显示如图13-20所示。

图 13-20　留言管理页面

友情链接页面显示如图13-21所示。

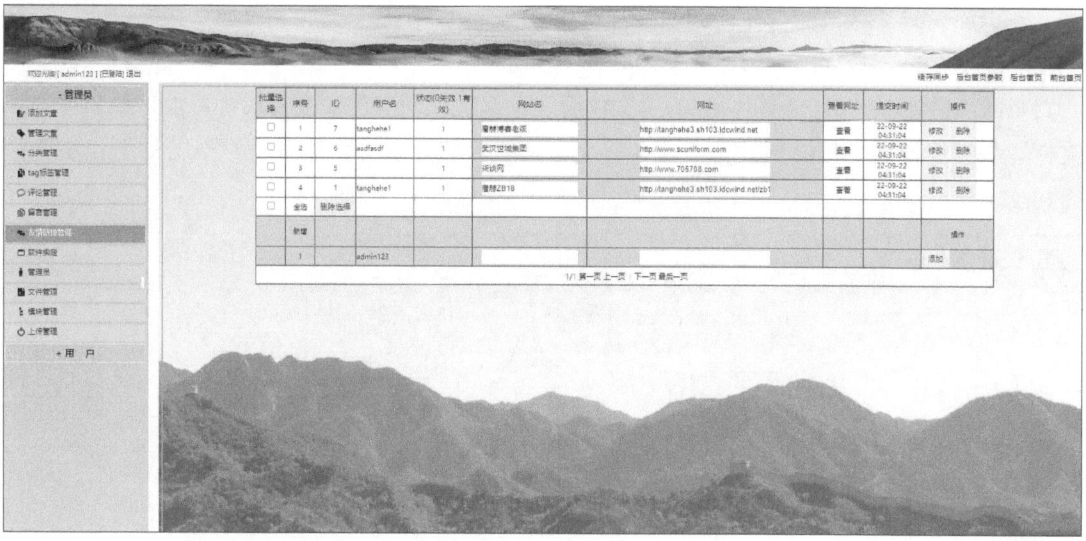

图 13-21　友情链接页面

13.5.6　上传文件模块管理

图片文件上传在动态网站开发过程中的应用很广泛，如果有一些喜欢的图片想与他人分享，就可以通过图片文件上传功能来实现。

图片文件上传的原理和文件上传基本相同。在网页中实现上传图片功能的步骤如下：

（1）通过<form>表单中的file元素选取上传数据。使用file元素上传要在form表单中加上属性enctype="multipart/form-data"，否则不能上传图片。

（2）在处理页使用$_FILES变量中的属性判断上传文件类型和上传图片大小是否符合要求，$_FILES变量为系统预定义变量，相关的属性如表13-2所示。

表 13-2　$_FILES 变量的属性说明

属性值	说明
name	上传文件的文件名
type	上传文件的类型
size	上传文件的大小
tmp_name	上传文件在服务器中的临时文件名
error	上传文件失败的错误代码

上传文件函数的原理是将图片或者文件从浏览器复制到服务器的文件夹里，而数据库中存储的是文件的路径。

上传文件函数move_uploaded_file()函数的语法格式为：

Bool move_uploaded_file(string filename, string destination)

参数说明：
- filename：上传到服务器中的临时文件名。
- destination：保存文件的实际路径。

在网站后台中，单击导航栏中的"文件管理"选项，即可进入图片添加页面，单击"选择文件"按钮选择要上传的图片，单击"提交"按钮将图片上传到服务器中，图片上传页面如图13-22所示。

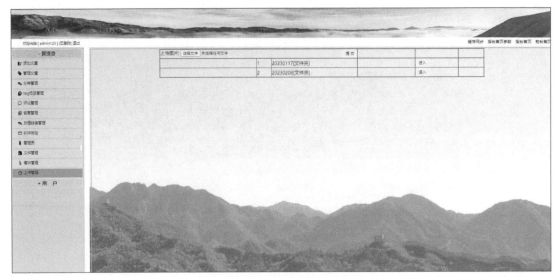

图 13-22　上传文件页面

图片上传页面的实现代码如【示例13-9】所示。

示例 13-9

```
<html>
<head>
<meta charset="utf-8">
<title>文件上传</title>
<link href="../../style/admin.css" rel="stylesheet" type="text/css" />
<script src="../../js/zhengze.js"></script>
<script src="http://img3.job1001.com/js/jquery-1.4.2.min.js"></script>
</head>
<body>
<table width="70%" border="1" cellspacing="0" cellpadding="0">
<tr>
   <td colspan="3" align="left" valign="middle"><form action="upload_file.php" method="post" enctype="multipart/form-data">
   <label for="file">上传图片:</label>
   <input type="file" name="file" id="file" />
   <input name="lujin" type="hidden" value="<?php echo $lujin;?>">
```

```php
    <input type="submit" name="button" value="提 交" id="button" style="float:right;" onClick="adminquanxian();" />
</form></td>
    <td align="left" valign="middle"> </td>
    <td align="left" valign="middle"> </td>
    <td align="left" valign="middle"> </td>
  </tr>
  <?php $i=1; foreach($rows as $row){ ;
  $rul=ZY_PATHW."plugins/kindeditor/attached/image/".$_POST['filename']."/".$row;
  ?>

<form action="updel.php" method="post" id="form<?php echo $i ;?>">
<?php if(!strstr($row,".")){?>
  <tr>
    <td> </td>
    <td width="50"><?php echo $i ;?></td>
    <td width="300"><input name="filename" type="hidden" value="<?php echo $row ;?>"><?php echo $row."[文件夹]";?></td>
    <td width="200" > </td>
    <td width="150"><input id="jinru<?php echo $i;?>" class="button" name="jinru" type="button" value="进入" onClick="jinrus(<?php echo $i;?>);"></td>
    <td> </td>
  </tr>
  <?php }else{ ?>
  <tr>
    <td width="50"> </td>
    <td width="50"><input name="delfilemane" type="hidden" value="<?php echo $lujin.$row;?>"><?php echo $i;?></td>
    <td width="400"><a href="<?php echo $rul; ?>" target="_blank"><img src="<?php echo $rul;?>" width="50" height="50"></a></td>
    <td >
<input type="text" id="<?php echo "biao".$i ?>" value="<?php echo $rul; ?>" size="30" onClick="copyUrl('<?php echo "biao".$i ?>','<?php echo "djfz".$i ?>');"> <span id="<?php echo "djfz".$i ?>" name="djfz"></span>
    </td>
    <td width="30"><input name="button" type="button" value="删除" onclick="adminquanxian();del_fink(<?php echo $quanxian ;?>);" id="button" /></td>
    <td width="30"> </td>
  </tr>
  <?php }; ?>
```

```
</form>
<?php $i++; } ; ?>
</table>

<script type="text/javascript">
function copyUrl(id,djfz)
{
var Url2=document.getElementById(id);
Url2.select(); // 选择对象
document.execCommand("Copy"); // 执行浏览器复制命令
//alert("已复制好，可贴粘。");
var djfzname=document.getElementsByName("djfz");
    //alert(djfzname.length);
        //alert(djfzname[1].innerHTML);
        for(i=0;i<djfzname.length;i++){
                djfzname[i].innerHTML=""
                //alert(djfzname[i].innerHTML="");
                }
var djfzs=document.getElementById(djfz);
   djfzs.innerHTML="复制成功";
}
//---------------------------------
function adminquanxian(){
        //用户权限判断
        var divs=document.getElementsByName("button");//name
        //alert(divs.length);
             if (<?php echo $quanxian ;?> == 0){
                for (var i=0;i<divs.length;i++){
                    divs[i].type="button";
                    }
                    alert("权限不够!");
                    return ;
                }else{
                    //alert("权限够了通过！！");
                    }
}
//---------------------------------
function webcl(web){
        if (<?php echo $quanxian ;?> == 0){
              return ;
```

```
                }
            h_webname(web);
            h_webUrl(web);
            if(bianl==1 && bian2==1){
                    var submits=document.getElementsByName("button");
                    //alert(submits.length);
                    for (var i=0;i<submits.length;i++){
                            submits[i].type="submit";
                            }
                //alert([i]+"网址名和网址通过！");
                }else{
                    alert("网站名或网址错误，请检查！");
                    }
//alert("权限够了通过！！")
}

//-----------------进入文件夹-----------------
function jinrus(id){
        //alert(id);
    var jinruas=document.getElementById("jinru"+id);
    var forms=document.getElementById("form"+id);
    forms.action="upindex.php";
    jinruas.type="submit";


        // alert(jinruas.value);
}
</script>
<script src="../../js/zdy_pinglun.js">
</script>
</body>
</html>
```

当用户选择好图片单击"提交"按钮后，系统会进入上传处理页（upload_file.php）中进行处理。在处理页中判断文件类型，用move_uploaded_file()函数上传到服务器，代码如【示例13-10】所示。

示例 13-10

```
<?php
require_once '../../includes.php';
$che=checkLogined();//检测管理员是否登录
if ((($_FILES["file"]["type"] == "image/gif")
```

```php
|| ($_FILES["file"]["type"] == "image/jpeg")
|| ($_FILES["file"]["type"] == "image/pjpeg"))
&& ($_FILES["file"]["size"] < 20000000))//20 MB
{
 if ($_FILES["file"]["error"] > 0){
   echo "Return Code: " . $_FILES["file"]["error"] . "<br />";
   }else{
   echo "Upload: " . $_FILES["file"]["name"] . "<br />";
   echo "Type: " . $_FILES["file"]["type"] . "<br />";
   echo "Size: " . ($_FILES["file"]["size"] / 1024) . " KB<br />";
   echo "Temp file: " . $_FILES["file"]["tmp_name"] . "<br />";
   if (file_exists(ZY_PATHJ. "/plugins/kindeditor/attached/image/" . $_FILES["file"]["name"])){
    echo $_FILES["file"]["name"] . "<br>文件已经上传或重名，上传失败！<br>";
        echo "<a href=\"upindex.php\">返回</a>";
   } else{
   move_uploaded_file($_FILES["file"]["tmp_name"],
   ZY_PATHJ."/plugins/kindeditor/attached/image/" . $_FILES["file"]["name"]);
   echo "Stored in: " .ZY_PATHJ. "/plugins/kindeditor/attached/image/" . $_FILES["file"]["name"]. "<br />";
        echo "上传成功！<br>";
        echo "<a href=\"upindex.php\">返回</a>";
    }
   }
 }
else{
        echo "文件类型或大小错误！！<br>";
        echo "<a href=\"upindex.php\">返回</a>";
    }
?>
```

13.6 本章小结

本章首先简单介绍了博客网站系统的需求分析和系统设计，让读者对博客网站有一个大致的认识；然后介绍了博客网站要实现的功能，包括数据库设计、前后台主要的页面和功能实现等。希望通过对本案例的学习，读者可以了解PHP网站的开发流程，便于以后可以自己独立完成此类工作。

参考文献

[1] 帕瓦斯. PHP 7 开发宝典 [M]. 4 版. 张琦, 张楚雄, 译. 北京: 清华大学出版社, 2021.

[2] 克罗曼. PHP 与 MySQL 程序设计 [M]. 5 版. 陈光欣, 译. 北京: 人民邮电出版社, 2020.

[3] 韦林, 汤姆森. PHP 和 MySQL Web 开发 [M]. 5 版. 熊慧珍, 武欣, 罗云峰, 译. 北京: 机械工业出版社, 2018.

[4] 郑阿奇. PHP 实用教程 [M]. 3 版. 北京: 电子工业出版社, 2019.

[5] 张工厂. PHP 8 从入门到精通 [M]. 北京: 清华大学出版社, 2021.

[6] 林龙健, 李观金, 李春燕. PHP 动态网站开发项目实战 [M]. 北京: 机械工业出版社, 2019.